共存

重塑AI时代的个人和组织

[日] 上田惠陶奈　岸浩稔　光谷好贵　小野寺萌　著
蒋奇武　译

デジタル未来にどう変わるか?
AIと共存する個人と組織

中国科学技术出版社
· 北　京 ·

图书在版编目（CIP）数据

共存：重塑 AI 时代的个人和组织 /（日）上田惠陶奈等著；蒋奇武译 . — 北京：中国科学技术出版社，2022.12

ISBN 978-7-5046-9822-3

Ⅰ . ①共… Ⅱ . ①上… ②蒋… Ⅲ . ①人工智能—研究 Ⅳ . ① TP18

中国版本图书馆 CIP 数据核字（2022）第 199864 号

策划编辑	何英娇	**责任编辑**	申永刚
封面设计	马筱琨	**版式设计**	蚂蚁设计
责任校对	邓雪梅	**责任印制**	李晓霖

出　　版	中国科学技术出版社
发　　行	中国科学技术出版社有限公司发行部
地　　址	北京市海淀区中关村南大街 16 号
邮　　编	100081
发行电话	010-62173865
传　　真	010-62173081
网　　址	http://www.cspbooks.com.cn

开　　本	880mm × 1230mm　1/32
字　　数	154 千字
印　　张	8
版　　次	2022 年 12 月第 1 版
印　　次	2022 年 12 月第 1 次印刷
印　　刷	北京盛通印刷股份有限公司
书　　号	ISBN 978-7-5046-9822-3/TP · 447
定　　价	69.00 元

前言

与数字化以及人工智能（Artificial Intelligence，AI）相关的时髦术语、个体适应数字时代的方式、企业为生存而进行的数字化转型，被此类信息包围的读者会翻开本书，想必是希望在充分理解数字时代的基础上付诸实际行动。

◎当以人工智能为核心的数字技术引发第四次工业革命（Industry 4.0）时，产业结构将如何变化，工人又将何去何从？

◎在迎接这种非连续性变化时，作为个体的我们应具备何种能力[1]，才能实现与人工智能的共存，并在工作中发挥出自身价值呢？

◎未能及时数字化转型的企业应该如何推动改革，才能成功实现数字化呢？

读者即便有了上述危机意识，如果不明确努力的方向和方

---

① “能力”这个词在本书中经常出现。它是指个人所具备的所有能力，诸如完成单一任务的功能性技能、适当运用多种技能的操作性技能、执行任务时的态度以及心态在内的胜任能力等要素的总称。

法，依然会担心付出的努力能否得到回报。针对这种不安与困惑，本书并不是在个案研究或者实现方法不明确的情况下空谈理想，而是力求从正面对这一问题进行逻辑性解释。读者只要从结构上理解了这种变化，就不难得出应该如何行动的结论。

围绕着适应数字时代的个人的能力、企业的变革（即数字化转型），本书提供了独创的方法论。为了使读者能够制订出适合自己的行动计划，本书在最后还提出了一些关键问题。相信在读完本书之后，读者应该能够用系统性的观点来论述以下问题。

◎数字化引发工业革命是怎样一回事？

◎与人工智能共存的工作方式是何种工作方式？

◎在员工所需具备的能力中，自己要追求提升何种能力？

◎在众多数字化的成功模式中，哪一种模式适合自己从事的工作？

本书的目的

本书的目的不在于使读者增长知识，理解并认同作者的主张，而在于帮助读者选择一种方法来改变自己或自己所在的企业。有人盲目地认为人工智能将导致大量的失业，除从事数据分析以外，没有其他就业的机会。可是即便如此，只要经营者用信息技术对企业进行武装，使其反应敏捷，企业就能生存下来。作为一本实践指南，本书旨在帮助读者摆脱这些前后矛盾的陈旧观念，通过自己的力量选择合适的方式，来实现所期望的更加美好的未来。

即便如此，依然会有读者对于是否应该在众多同类图书中选择本书而犹豫不决。下面就总结一下本书的特点。

第一，本书用浅显易懂的语言阐述了“数字化的社会、产业这一宏观变化”，“与人工智能共存的工作方式和业务的变化、人的能力以及员工个人与企业的关系这一微观变化”，“两者结合所推动的企业规模的变革”这三种变化是如何相互关联的。对这些变化进行逻辑整合并做出翔实阐述的图书寥寥无几。

第二，许多同类图书都让读者误以为实现数字化转型只有一种模式，而本书却提出了4种模式。因为读者即使接触了著名的成功案例，也有可能产生“与自己所在的企业相去甚远”的疏离感。本书深入探讨了哪些因素会影响我们实现数字化，并提出了即使是“注重秩序的大企业”也能成功实现数字化的模式。

第三，本书摆脱了纸上谈兵的方式，对包括日本在内的诸多实际案例进行了实事求是的分析。作者的研究团队详细分析了成功和失败两种案例，通过与管理者、改革关键人物和学术界人士的大量讨论，反复构建、验证和修改假设的过程，做出了实践性的描述。作者的研究团队对美国的信息技术企业、欧洲的制造企业以及在全球开展业务的日本企业，进行了个案研究并讨论；还根据日本的劳动习惯——“会员型[①]”企业的特点进行了分析，能充分考虑到其他国家和日本的不同。此外，由于同时整合了全球化的潮流和其他国家的学说，因此不必担心加拉帕戈斯化[②]。

本书的结构特点

为了使读者能够在百忙之中毫不犹豫地选择阅读本书，作者进行了精心设计。前言部分总结了每章涵盖的主题及讨论的框架。此外，每章的开头都有一个简介，简单概括了这一章的构成、与前一章的关联以及这一章所要阐述的要点。

本书的每一章都穿插了大量的案例和专栏。因为，如果只是抽象地对事物进行论述，那么，无论条理如何清晰，论述如何令人信服，总不免给读者造成泛泛而谈、不切实际的感觉。

---

① 会员型：应届毕业生统一录用型的招聘机制。其中大部分被雇用为综合职位，一开始不明确被分配的部门、岗位及工作地点。与其相对的是岗位型：限定职位且明确要求业务能力的招聘方式。——译者注

② 加拉帕戈斯化（Galapagosization）是日本的商业用语，指在孤立的环境（日本市场）下，独自进行“最适化”，而丧失和区域外的互换性，面对来自外部（外国）适应性（泛用性）和生存能力（低价格）高的品种（制品/技术），最终陷入被淘汰的危险的现象，以进化论的加拉帕戈斯群岛（即科隆群岛）生态系统作为警语。——译者注

本书收集大量案例，就是希望通过列举生活中的实际例子来帮助读者加深理解。而专栏是针对那些稍微偏离本书主线，即使读者理解不了也不影响本书阅读的主题而设置的，目的在于鼓励读者对相关主题进行深入挖掘。因为本书涉及的论点不仅数量庞大，而且相互之间密切关联，本书要想全部解释清楚，就必须左右兼顾。因此，为了方便读者理解，本书将必不可少的知识以及论点放在主线中，其他则放在专栏中。时间较为充裕的读者不妨看一看专栏。

下面来介绍一下每章的概要。

人才应具备能力的变化与企业设计的变化

第一章概述了数字化转型和人工智能等新技术的出现对社会、产业宏观运行的影响，其中包括产业的业务模式和企业设计的变化。

首先，以较早引入数字新技术，不断推动革新的跨国科技企业谷歌公司（Google Inc.）为例，介绍在先进企业中开始发生的一系列变化。其次，论述了以人工智能为核心，席卷全球的第四次工业革命不会止步于引进信息技术，它还将进一步引发一系列的巨变，包括产业和劳动力配置这一宏观巨变，以及人们所应具备的能力和工作方式这一微观巨变。

在第一章的后半部分，作者论述随着人工智能引发的业务自动化的深入，个体的变化，也就是人才应具备的能力的变化，是如何随着工作方式和企业设计的变化而变化的。在第四次工业革命当中，人工智能引发的业务自动化对白领的工作影响尤为显著。在分别阐述了随着人工智能的导入，两种白领——“岗位型”白领和“角色型”白领所发生的变化后，论述了特别是在制造业被称为“工厂自动化（Factory Automation）”“智能工厂”的工厂自动化、高度化的过程中，应用人工智能对蓝领所产生的影响以及人才所应具备的能力。

以人工智能为基础的未来工作设想

在第二章中，作者根据宏观环境的变化，共同探讨关于未来工作的设想，即人工智能技术将在哪些领域发挥具体作用。人工智能充其量不过是一种算法（algorithm），一种以数据为基础的信息处理方式。因此人工智能既有擅长的领域，也有不擅长的领域，并不是解决一切事物的万能工具。因此，第二章论述了预想的未来并不是被看作奇点（singularity）的人工智能完全取代人类从而进一步发挥功能的世界，而是人类与人工智能相互取长补短、共同进步、共存的世界。

第二章表明了人工智能能够进行“识别对象”“判定”“模拟”“推荐”这 4 类工作。接下来阐述了人工智能与人类共存的两种形态。一种是“分担”，即利用人工智能将人类迄今为止所做的工作原封不动地进行自动化，这一过程被称为“机器人流程自动化”（Robotic Process Automation，RPA）；另一种是“扩充”（augmentation），即通过人工智能与人类的互相配合、互相作用来完成工作，在这一过程中人工智能将扩充人类的能力。作者将在介绍专业性较强的职业、服务业、制造业等案例的同时，传达这一概念。

对个人和企业的要求

第三章在传达了与人工智能实现共存这一观念的基础上，讨论人们为了实现“扩充”所应具备的个人能力，以及企业应该如何将这些能力与创新联系起来。

第三章先引用英国牛津大学出版的《技能的未来：2030 年的就业》（*The Future of Skills: Employment in 2030*），介绍人工智能时代所追求的能力。在此基础上，为了深入探讨人类如何在某种特定工作中发挥能力与人工智能实现共存，将能力具体分为三组，分别是功能性技能、操作性技能和胜任能力。提出工作得以完成是基于综合运用这些能力的观点。重要的是，每个人必须根据工作内容和个人的专业领域，结合自身的胜任能力和技能来应对工作。并不存在“有了这个就行了”的完美无缺的能力，能准确地认识和管理这些能力是推动企业创新所必需的。

如果要举出一种必备能力，当数 2030 年必备技能研究中提到的“终身学习的能力”，意思就是不断提升自我的能力，不断发现新的必备能力并努力掌握它。然而，即使具备了学习环境，能够自主学习的人也不多见。第三章论述了，掌握能力要作为一种价值被清楚地展示出来，并且要得到评估，这就需要激励机制发挥作用。因此，拥有人才的企业有必要鼓励这些人学习，发挥他们的能力，并创造一个系统来评估他们的能力。

深入实际业务，阐述与人工智能共存工作的未来

第四章通过设计多个场景，描述了人工智能是如何融入实际业务当中的。人工智能的运用形式因业务内在的自主性不同而有所差异，需要区分是“标准化程度高，自主性低的业务”，还是“自主性高，需要灵活应对的业务”，或者是“自主性较高的人才和自主性较低的人才混合的业务”。

当业务自主性较低时，一方面可以积极利用人工智能来代替人们完成可以实现自动化的业务，另一方面人们将继续承担变化型的或者需要创造力的业务，比如，应对突发情况以及改善业务等。如果业务自主性较高，各个领域中具备各项技能的专家将发挥积极作用，人工智能会为他们发挥力量创造平台，充当协助项目负责人进行管理的角色，例如工作分配、进度管理、情况监控、动机管理等。现在的日本企业大多是兼有高自主性和低自主性的员工，需要自主性的任务和不需要自主性的任务之间的界限比较模糊，而人工智能的灵活运用与其说是系统性的，倒不如说是临场发挥性的。

在第四章的结尾，作者针对目前难以发挥自主性的员工，提出了关于今后工作方式的建议。分别为应对高度突发性需求的“临时工”，为人工智能创建数据的“幽灵工作者”，承担对于维持社会生活很重要但没有投入足够资金来机器人化的“必要工作者”这三类人才。

通过4种模式明确读者和读者所属企业今后的努力方向

第四章讨论数字化的影响分析，第五章深入探讨推进数字化的方法论。数字化会影响产业结构、企业和业务，因此不能仅仅通过个人的挑战来完成。所以本书就企业为适应数字化而进行转型的途径，提出了 4 种模式的试点方案。本书没有将数字化的完成形式定义为一个整体，而是描绘出了 4 种不同企业的成功模式。作者的目的是帮助读者选择适合本企业的数字化模式，而不是做出诸如“成功实现数字化有哪些因素”这样的常规总结。

根据“该行业是否已经普及数字化”以及“该企业是否是一个自主性的企业”这两个判断轴，形成4个象限对应4种模式。如果一种模式可以将拥有高度自主性的人才聚集在一起，并不断促成创新，那么这个模式会重视网罗各种人才，进而打造出与之相对的企业和业务。如果它是一种通过企业力量促进对抗破坏性变革的模式，那就要系统地改变业务和企业的存在方式，此举既能保留金字塔式的企业结构，又能提供适应数字时代的生态系统[1]（ecosystem）。第五章以模式的特点为出发点，阐述了可以采取哪些具体措施来推动企业、人力资源、业务和改革的发展。有些在其他公司的案例研究中被认为是成功因素的措施，如果没有实际确认它们是否适用于自己的公司就直接采用，那么未必能获得成功。这也是一种识别案例研究陷阱并防止失败的方法。

通过关键问题制订与实际行动相关联的计划

本书的最后一章旨在让读者根据第五章所讨论的线索，绘制出数字时代最佳的蓝图和制订出与蓝图相应的行动计划。通过回答 7 个关键问题，蓝图和行动计划的要素将逐渐一一对应。在众多适应数字化的方法中，选择合适的方法，将其与行动计划结合并采取实际行动，这就是读者在读完本书后需要实现的目标。现在让我们开始数字时代的导航吧。

---

① ecosystem的直译是“生态系统”。为了提供业务，必须与供应商、客户、业务合作伙伴等各种利益相关者建立可持续的关系。为此，仅仅为自身公司创造利润的商业模式是不够的，必须设计出能够使利益相关各方共赢的信息和收益流程。这就是生态系统。

目录

第三章 | CHAPTER3 071

人类在与人工智能共存中实现进化

第四章 | CHAPTER4 109

业务将随着人工智能而不断变化

第一章

第四次工业革命对劳动者的影响

在数字化转型的过程中，人才应具备的“能力”、业务的开展方式、技术的应用方式、企业设计、管理方法等“要素”将根据整体上发生变化而变化。这是本书的核心信息。第一章会对伴随着新的技术革新的出现，这些“要素”将发生哪些宏观上的协同变化进行总结。

谷歌公司的最优化

首先，想介绍一下成功实现数字化的代表性企业之一——谷歌（Google）公司所采取的措施。谷歌公司提出适应数字时代的任务，并吸引了有能力完成该使命的人才。谷歌公司创建了一个以团队精神为基础的企业，强调“信赖关系”而不是“上下级关系”，以便让不同背景的人才可以在协作中发挥积极作用。团队的目标管理与个人的人事评价是分开的。希望读者从谷歌公司的案例中获得的启发是，之前提到的“要素”是相互联系的。换句话说，每项措施都是牵一发而动全身。

从过去的工业革命中汲取经验

接下来，通过回顾过去发生的工业革命，我们获得理解第四次工业革命引发的整个产业变化趋势的视角。当技术革新发生时，之前的热门产业的业务流程将发生非连续性的变化，之前无法完成的业务也变得可完成。从宏观上看，表现为产业的兴衰，吸纳大量劳动力的热门产业也会发生更替。

各个行业业务方式的变化以及新业务的出现，意味着员工应具备的能力也要同步发生变化。总结一下历史，人类已经经历了三次类似的工业革命，每次都发生了大规模的劳动力迁移，从而导致员工应具备的能力也发生了变化。

对正在发生的第四次工业革命的考察

根据过去工业革命的经验法则，分别从白领和蓝领的视角，对当前以人工智能为核心的第四次工业革命进行考察。

通过人工智能实现的高度自动化将减少对办公室白领的需求，这不仅会对简单劳动产生影响，即便是高级的脑力劳动，只要工作内容明确，也将受到自动化的影响。因此，预计中层管理人员将会减少一半。另外，由于人工智能并不是万能的，如果工作内容没有被明确界定，自动化就无法开展，人类将继续发挥作用。并且，随着可用信息数量的增加，人类需要承担的工作也会越来越多。

蓝领阶层也将进一步实现自动化，留在工厂内的人员的一线工作将进一步减少，但由于人工智能不是万能的，因此不会发生人工工作全部消失的情况。另外，介绍了利用包括人工智能在内的数字的使用方法构建现场假设——这一业务的重要性将呈现日益增加的趋势。

此外，本书还指出，上述个人的工作中发生的变化也会理所当然地对企业的存在方式产生影响。

第四次工业革命带来的数字化转型，这一社会整体趋势将通过改变员工所属的行业，改变个人所承担的业务，从而使个人所应具备的能力乃至于企业也随之发生变化。第一章的目标就是帮助读者理解我们目前正处于直面这一系列连锁变化的情况当中。

谷歌公司实现企业使命的机制

美国信息技术企业——谷歌公司的使命是“整合全球信息，使人人皆可访问并从中受益”。作为信息技术企业，谷歌公司的特征之一是从创业之初就有意识地通过数字化来开展工作，以数字化来实施业务设计、人力资源配置、招聘、业务管理。迄今为止，谷歌公司在数字领域取得成功的最重要原因，就在于它拥有能够实现该使命的创新型人才，并完善了实现该使命所必需的企业文化以及管理结构。

那么，谷歌公司是如何成功让其企业文化和价值观普及的呢？其标志是谷歌公司创始人拉里・佩奇（Larry Page）和谢尔盖・布林（Sergey Brin）所写的“创始人公开信”。这封信包含在首次公开募股时起草的招股说明书中，不仅阐明了谷歌公司的业务内容，还明确规定了公司行动和决策的指导方针。比起追求短期利益最大化及公司股票的估值，两位创始人更倾向于努力向股东和员工展示他们独特的企业文化，从而获得长期的共鸣，分享共同的价值观[1]。

谷歌公司所需的人才

对于谷歌公司所网罗的创新型人才，他们的特征可以用3个关键词来表示。分别是巧妙的创意、学习型动物、多元化背景。

巧妙的创意

“巧妙的创意”指的是每个人在发挥自身实力的基础上，不但重视自己所属企业的文化、职场环境，灵活应对数字环境，积极表达自己的意见，而且拥有付诸实践的能力。谷歌公司前首席执行官埃里克·施密特（Eric Schmidt）说道：“在团队合作的环境中，在极大的自由度与透明性的前提下，无论职位大小，每位员工都能够顺利开展工作。我们需要的正是能够应对不断变化的环境的创新型人才。”

谷歌公司吸引了具有巧妙的创意的人才，因此拥有数量庞大的技术工程师。具有巧妙的创意的人才虽然在价值观方面重视逻辑与实证，但也可能缺乏靠毅力拼搏的想法。

---

① 本书将“文化”和“价值观”这两个概念分开使用。“文化”用于企业，“价值观”则用于个人。

学习型动物

“学习型动物”指的是能够学而不厌、学以致用、学有取舍的人才。谷歌公司将不分年龄大小，不受现有知识经验的局限，不断学习新事物的能力称为“基础能力”，并努力招揽具备基础能力的人才。

多元化背景

谷歌公司非常重视从具有“多元化背景”的人当中招聘人才。谷歌公司认为，在企业战略方面有必要创建多元化的企业。为了评估真正优秀的人才，即便候选人背景存在短板，谷歌公司在候选人入职后都会根据客观数据对人才进行成果评估。据此，谷歌公司在评估人才时努力消除性别等因素的影响。

营造工作环境——谷歌公司的实践

谷歌公司通过使新加入的具有巧妙的创意以及学习型动物的候选人产生“希望与谷歌公司内部最优秀的人一起工作”的想法，来提高招聘标准。这是一项充分利用“羊群效应”[①]的举措。

① 羊群效应（The Effect of Sheep Flock）：经济学中经常用“羊群效应”来描述个人从众跟风的心理。——编者注

为了创建一种有利于留住人才的环境，谷歌公司采用了能够保证优秀人才高度参与的管理结构。谷歌公司的工作方式是团队制，由经理来管理整个团队。此外，谷歌公司对团队的定义是“团队就是成员为了实施特定的项目、计划工作的内容、解决问题、做出决策、确认进展等，而进行一系列活动且高度相互依存的单位”。这与等级制度森严的企业当中常见的纵向组织架构有很大的不同。

经理的关键绩效指标（Key Performance Indicators，KPI）是整个团队的成果，经理必须为提高团队绩效做出贡献。然而，这并不意味着经理需要负责整个团队的销售，而是应将销售目标逐一分解给团队成员，并且发出号召。在这个过程中，经理充当的是导师的角色，目的在于提高团队的绩效。

指引团队走向成功的5个关键

出现这种情况的背后是谷歌公司曾经实施的“亚里士多德项目”的分析结果。通过对成功团队和失败团队的实证分析，研究人员发现，来自各个专业领域的尖子生组成的梦之队并不总能取得最佳成果。从这个项目的结果当中，不难分析得出“团队成功的关键是团队里的成员是如何共同合作的”这一结论，以及研究发现扁平化[①]的人际关系指引团队走向成功的5个关键（表1–1）。这5个关键表明信任等心理因素能够促进团队有效地开展工作。

表 1–1　指引扁平化团队走向成功的 5 个关键

5个关键	具体内容
心理安全性	认为可以向团队成员暴露自己的弱点
相互信赖性	团队成员之间相信彼此能够按期完成工作并保证一定的质量水平
团队构成与明确性	每个成员都有明确的分工、计划、目标
工作的意义	认为团队承担的工作对于每个成员来说都很重要
工作的影响力	认为团队承担的工作具有社会意义并且能够带来变革

来源：作者根据谷歌公司资料绘制。

不与人事评价挂钩的团队目标

经理通过增强员工的进取心和激发创新的能力，来为提高团队绩效做出贡献。在像谷歌公司这样集中了世界上优秀

① 扁平化管理是相对于传统层级化管理来说的，传统层级化管理是“高层—中层—基层”的金字塔式结构，扁平化管理则是要减少管理层级，力求将最高决策直接传递到基层执行人员，强调效率和弹性。——译者注

人才的公司中，经理这一职位看上去可有可无，然而正是因为汇集了优秀的人才，才更需要经理发挥作用，使团队成员能够意识到自己的职责所在。[①]

在谷歌公司，团队的目标管理并不与人事评价挂钩，而是采用一种被称为“目标与关键成果法[②]”（Objectives and Key Results，OKR）的方法。该方法通常是设定一个令人望而生畏的高难度目标，并向企业的全体员工公开，方便他们随时确认完成的情况。在谷歌公司，特意设定高难度目标这一行为被称为“延伸目标”（Stretch Goal），达成目标的60%～70%就可以认定为“成功”，这就是所谓的成果指标。通过这种方法，团队树立起远大的目标并专注于工作，这样一来，即便最终无法完全实现该目标，也会获得意想不到的好成绩。

---

① 谷歌公司于2002年左右进行了一项实验，尝试看看在没有经理的情况下企业是否能正常运转，但自我评价的结果是“失败了”。之后，谷歌公司实施了一项名为“氧气计划”（Project Oxygen）的调查，目的在于找出优秀的经理所具备的条件，根据该项调查的结果，谷歌公司目前为经理制定了10条行为规范。

② 目标与关键成果法是企业或机构中的一种人力资源管理方法。传统的人力资源管理方法对关键绩效指标进行设定和评估。相比之下，目标与关键成果法的不同之处在于，它重视公司、团队以及个人的目标方向的一致性，并不直接将目标的实现本身与评估联系起来。它通过增加目标的难度、设定明确的目标，提高员工的参与度和积极性以达成目标，从而提高团队以及公司的绩效。

谷歌公司的组织特点

之所以谷歌公司能够在数字化商业领域始终保持创新，是因为它确立了一套通过吸引具有创新能力的人才，并营造出他们认同的职场文化、职场环境，从而吸引更多的人才的机制。谷歌公司不断努力，通过建立起以谷歌公司高层所推崇的文化和价值观为起点，确保企业拥有所需人才的生态系统，以及通过团队专属经理实施彻底的团队管理，并要求专属经理对团队绩效表现做出承诺，从而使得员工保持高度的参与性，发挥高度的积极性。

工业革命引起的劳动力转移

以人工智能为核心的席卷全球的数字化进程被称为第四次工业革命。日本在这场数字革命当中已然落后，再加上新冠肺炎疫情导致的远程工作的骤然普及，迫使日本不得不迎面而上。关于第四次工业革命本身的解说和分析请参考其他诸多图书。本节在回顾过去经验的同时明确指出，数字化不仅仅是引入信息技术，而是由“产业和劳动力配置的方式这一宏观上的重大变化”与“人类所应具备的能力和工作方式这一微观上的巨变”相互交织共同引起的。

工业革命引起的劳动力形态的变迁

这次工业革命被称为第四次，意味着之前人类已经经历了三次工业革命，在过去的工业革命当中，新技术的出现也大规模地改变了人口和劳动力的形态。虽然数字化造成的影响尚未可知，但是这并不妨碍我们根据过去的经验做好相应准备。下面就让我们来回顾一下在每一次工业革命当中出现的技术及其对当时存在的产业的影响，看看这些技术革新如何改变了对劳动力所应具备能力的需求，以及劳动力从哪些领域转移到了哪些领域。

第一次工业革命：将工匠的手艺分解为简单流程

第一次工业革命是由蒸汽机这一新机械技术的出现而引发的。在此之前，由熟练工进行的手工作业需要具备一种被称为“工匠技术”的能力。但是，随着手工工艺转变为部分依靠蒸汽机动力实现机械化的新型生产工艺的出现，“轻工业”这一新兴的热门产业不断发展壮大。由于轻工业主要是由蒸汽机与人合作进行生产的，因此人的作用就变成对机器的补充和操作。其技术水平没有熟练工人要求的那么高，即便不是熟练工人也能够学会使用并进入这一行业。

总而言之，第一次工业革命并不是原样地继承了熟练工人所进行的精密而复杂的操作流程，而是将其重组为非熟练工人也能掌握的简单流程。这与第四次工业革命中的数字化前景非常相似，传统的人工操作不会被原样继承下来，而是以适应人工智能的形式进行重组。在第一次工业革命之前，由于手工业是以从业者具备较高的“工匠技术”能力为前提的业务，因此只有少数的工匠才能满足要求。相比之下，轻工业被设计成从业者无须达到匠人的水平即可，这样一来，许多非熟练工人就能达到要求了。

由此产生的第一次工业革命造成了大规模的劳动力转移，即由于第二次圈地运动而涌入城市的农民被吸收为从事轻工业的蓝领工人。

第二次工业革命：蓝领高度发展，白领崭露头角

随之而来的第二次工业革命是一场伴随着内燃机这一新技术的出现而发生的社会变革。 内燃机在促进建设能够生产大量生活消费品的生产线的同时，也振兴了重工业。作为新兴的热门产业，无论是轻工业还是重工业，都制定了前所未有的操作流程，以适应新的技术。

在生产一线工作的蓝领工人需要具备作为操作员的高水平操作机器的能力，以及作为多技能工人填补机器不足之处的能力。此外，随着企业规模的扩大，管理和策划等新的业务层出不穷，此时，对具备处理文书能力的白领工人的需要就应运而生了。

因此，在第二次工业革命当中，蓝领工人需要掌握新的

技能来操作机械化生产线。此外，随着热门产业的企业数量的增加，对白领这一劳动力的需求也随之增加，于是出现了白领向城市聚集的大规模劳动力转移的现象。

第三次工业革命：蓝领减少，城市吸纳白领

尽管学术定义并不明确，第三次工业革命通常是指在20世纪四五十年代，由于计算机的普及所带来的影响。在制造业中，随着计算机作为新的技术元素的引入，进一步提高了工厂的自动化程度，实现了生产线的高度自动化。自动化造成了以前由蓝领工人所操作的流程现在由机器取而代之，因此，蓝领工人需要掌握检测并控制计算机等熟练操控机器的能力，以及灵活地完成多项自动化难以完成的任务的能力。此外，由于生产基地的整合和规模化是与流程的自动化同步进行的，这又导致了蓝领工人总数的减少。

在办公室中引入的计算机技术往往是指信息系统。结果就是，人类的工作从在纸张上书写转向了利用计算机分析数据，对能够在办公室操作计算机的白领的需求因此增加了。另外，计算机生成了各种各样的信息，从而形成了对白领的新需求，例如能够利用这些繁杂信息进行管理之类的复杂任务。

这样一来，白领的工作变得更加复杂和高效，拥有操作计算机的能力变得必不可少。随着白领数量的膨胀，各产业为了寻求更加高效的运转，大企业化和等级制度化不断发

展，企业需要具备分层管理能力的劳动力。因此，在蓝领工人数量减少的同时，城市吸收了大量的白领工人。

第四次工业革命发生在办公室

根据以上三次工业革命，让我们来分析一下这次的第四次工业革命。新出现的技术是以人工智能或机器人为核心的数字化转型。与第三次工业革命的计算机技术相比，这次的不同之处在于可以实现信息化的产业范围大幅度扩展。而且另一个不同之处在于，对产业的影响不仅限于计算机的使用，还包括高度自动化的深入发展。与第三次工业革命期间制造业自动化的进一步发展相类似，第三次工业革命发生在工厂，同样地，第四次工业革命则发生在办公室。

对从事简单操作的白领的需求减少

换言之，之前白领所从事的计算机业务当中可以进行标准化的部分将被人工智能取代实现自动化，因此对于从事计算机方面却只具备简单操作能力的白领的需求将大幅减少。另外，难以进行数字化的业务会继续保留下来，而且伴随着高度的自动化，可利用的信息种类和数量会急剧增加，新的业务需求也将不断出现，这就需要有能力的高素质人才来从事这些“只有人类才能从事”的增值业务。

从效率到创新的转变

这种转变被称为数字化转型。该转变不仅限于业务，白领的减少让企业重视规章纪律的必要性变弱，高级业务所需的要素也从效率转变为创新，这就使得营造一个有利于创新的公司环境的重要性日益突出。为此，正如谷歌公司的案例中所显示的那样，成功实现数字化转型的企业当中也将实行组织机构的小型化和扁平化。

在下面的章节当中，作者将对预期的变化逐一进行详细解说，并阐明为什么每个变化之间都相互关联。

第四次工业革命对白领的影响

在第四次工业革命当中，以人工智能或机器人为核心的数字化将通过业务的自动化极大地改变工作的方式，尤其是白领的工作方式。因此，作者将针对两种不同类型的白领，即岗位型[①]和角色型，以量化的方式分别表明数字化对他们

① 在本书中，岗位（job）被定义为构成某项工作职务的单个任务（task）的集合体。任务（task）指的是预先明确定义业务内容的具体的活动本身。积极性的调动、前景蓝图的描绘、领导能力的发挥等难以被明确定义为任务（task）的职务称为角色（role）。有关详细信息请参考本章专栏中的“术语解说”。

产生的不同影响。

岗位型：直面自动化的压力

日本野村综合研究所与英国牛津大学合作，共同估算了人工智能等造成的职业自动化的可能性概率，得出的结论是，日本49%的劳动力在技术上是可以实现自动化的。49%这一数字是理论上的最大可能性，而不是对实际减少的劳动人口的估计。本节表明，在使用计算机的业务当中，能够实施标准化的部分将进一步实现自动化，从而造成未来对简单操作计算机的岗位型白领的需求将大大减少。

自动化呈现“可发展的工作”与“难以有所发展的工作”的两极分化

我们来看一下日本的职业自动化可能概率与雇佣人数（图1-1）。这是一张按照职业的自动化可能概率来划分的区域图，深灰色部分的整个区域代表日本的雇佣总数。从整体上来看，自动化可能概率为低（33%以下的职业）的占全体雇佣人数的40%，自动化可能概率为高（70%以上的职业）的占全体雇佣人数的49%。而自动化可能概率为中（33%～70%）的职业只占全体雇佣人数的12%。也就是说，人工智能或机器人的自动化今后将呈现出“可发展的工作”与“难以有所发展的工作”这一两极分化的趋势，同样的倾向也出现在英国牛津大学进行的一项研究当中。

图1-1是对职业的自动化可能概率进行划分的区域图。整个区域代表日本的全体雇佣人数。

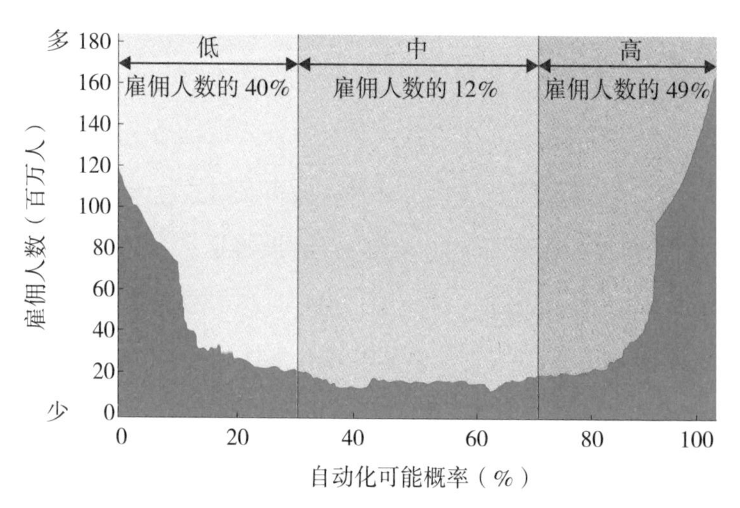

图 1-1　日本的职业自动化可能概率与雇佣人数的分布

文职的自动化可能概率较高

如图1-2显示，各个职业的自动化可能概率与雇佣人数的分布。值得注意的是，图1-2右上方（雇佣人数“多”，自动化可能概率“高”）的职业，今后将会转移到右下方（雇佣人数“少”，自动化可能概率“高”）。图1-2右上方中，雇佣人数在100万以上，自动化可能概率在66%以上的分别是综合文职人员（雇佣人数275.5万，自动化可能概率99.7%）、机动车驾驶从业人员（143万，83.1%）、会计从业人员（132.7万，96.4%）以及食品加工从业人员（114.3万，83.5%）这四类职业。四类职业当中有两类属于“文职人员”，也就是白领，通过人工智能实现的自动化，预计今后这些职业的雇佣人数将会大大减少。①

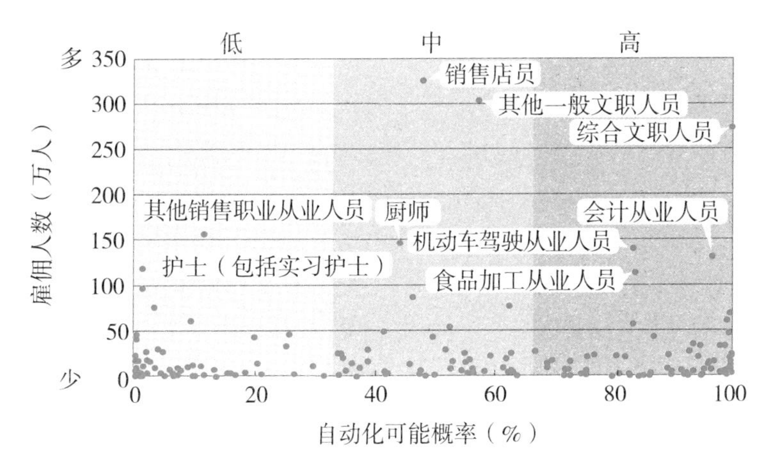

图 1–2　各个职业的自动化可能概率与雇佣人数的分布

---

① 机动车驾驶从业者和食品加工从业者一般归类为蓝领。许多蓝领在第三次工业革命期间实现了自动化，但目前雇佣人数众多这一事实说明这一职业避开了第三次工业革命带来的自动化。它将在第四次工业革命中实现自动化。例如，由于以人工智能为基础的自动驾驶技术的快速发展，预计机动车驾驶从业者的雇佣人数今后将大幅减少。值得一提的是，雇佣人数超过100万的其他职业还包括销售店员（雇佣人数327.4万，自动化可能概率48.0%）、其他一般文职人员（雇佣人数305.4万，自动化可能概率57.4%）、其他销售职业从业人员（雇佣人数157.8万，自动化可能概率11.6%）、厨师（雇佣人数147.6万，自动化可能概率44.2%）以及护士（包括实习护士）（雇佣人数119.7万，自动化可能概率1.3%）。

即使工资很高也有高概率被自动化的职业

接下来，图1–3显示了自动化可能概率与平均工资的分布。需要注意的是，平均工资的高低与自动化可能概率的高低并没有相关性。这就意味着自动化不会遵循从低收入的工作开始发展而高收入的工作将存活下来的规律。例如，图1–3右上方（平均工资“高”，自动化可能概率“高”）的职业。在这些职业当中，年平均工资在1000万日元以上，自动化可能概率在66%以上的职业包括船舶轮机长和轮机员（不包括渔船）（年平均工资1712万日元，自动化可能概率71.6%）、其他法务从业人员（年平均工资1036 万日元，自动化可能概率89.6%）、专利代理人、司法代书人（年平均工资1036 万日元，自动化可能概率85.0%）。对于我们人类

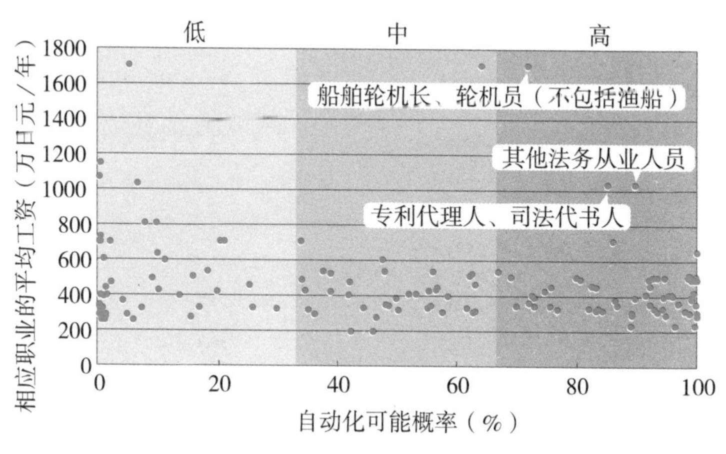

图 1–3　各个职业的自动化可能概率与平均工资的分布

来说，这些都是专业性强、复杂而又烦琐的工作，然而在技术上却能够用人工智能来代替。另外，这种分析是人工智能根据实际从事各个职业的人们对自己的工作进行自我评价的数据而做出的统计分析，而不是人们对业务内容进行的逐项客观评价。

由于技术进步，可被取代的工作岗位将会增加

人工智能或机器人不仅可以取代“综合文职人员”等一般的文书工作，还可以代替“专利代理人、司法代书人”等复杂而高难度的工作。详情将在第二章进行说明，即使对于人类来说这些工作复杂而又高难度，但如果工作内容能够被明确定义并再现，那么它就是人工智能擅长的领域，通过技术进步，可被取代的业务将不断增加。一个岗位在现实中是否会被取代虽然取决于经济合理性以及社会接受程度，但是这种被取代的压力将会与日俱增。

角色型：中层管理职位减少，管理层级扁平化

人们普遍认为，角色型业务难以实现数字化，然而人工智能或机器人等自动化所带来的影响却不容忽视。这就是本节内容所要表达的要点。随着办公室自动化的发展，人类将承担难以实现数字化的业务。此外，随着自动化的发展，可

以利用的信息种类和数量将急剧增加，于是灵活运用这些新信息的新兴业务也将应运而生。这就需要有能力的高素质人才来从事这些“只有人类才能从事”的增值业务。

对典型的角色型“中层管理职位”的分析

难以实现数字化的角色型业务的一个典型例子就是“Middle Manager”，它相当于日语中的“中层管理职位”。在日本，大型的金字塔式组织的线型管理已经相当普及，中层管理职位是连接高层管理人员与一线员工的重要纽带。另外，中层管理职位的决策权实际上十分有限，很多情况下也只是充当“盖章接力”的一环。众多中层管理职位并存的情况也处处可见，也很难说他们就是负责管理业务的。在接下来的章节中，“中层管理职位”一词用于描述当前的业务，指的是数字化未来的管理。

日本野村综合研究所针对实际作为中层管理职位承担业务的员工进行了问卷调查，掌握了他们的实际工作情况。在此基础上，通过人工智能或机器人等实现自动化所带来的影响，以及中层管理职位低效问题，从而分析出今后作为“中层管理职位”的业务将如何变化。

通过问卷分析掌握的中层管理职位的实际工作情况

先来看一看对中层管理职位的问卷调查结果，中层管理职位的角色被定义为：①企业管理，②领导力，③灵活的指导，④生产活动，⑤处理文书工作，而且对于每一项工作都给出了具体的例子。例如，①企业管理的具体工作内容包括“作为负责的管理者参加会议和活动”。对于这五项任务中的每一项，问卷要求中层管理职位的现任者们从他们实际投入的时间量与他们认为应该投入时间的重要性的角度分别进行回答，力求二者总和为10（图1-4）。

结果表明，①企业管理，②领导力，③灵活的指导这三项本来被认为是重要的，然而实际上花费的时间却不多。另一方面，我们意识到④生产活动和⑤处理文书工作所花费的时间超出了它们原本的重要性。这表明，在中层管理职位的实际工作中，是把更多的时间花在他们作为“队员[①]”的工作（④⑤）上，而不是他们原本需要重点着手的管理工作（①②③）。此外，虽然图中未曾显示，但分析结果却呈现出以下趋势，即从部长、科长、组长[②]的各个级别来看，级别越高，对于原本必需的管理工作（①②③）的投入时间量就多；而级别越低，对于他们作为“队员”的事务性工作的投入的时间量就越多。

---

① 管理层在企业中既负责具体业务也从事管理。将其比喻为“队员兼教练”。

② 日本公司内的中层管理结构，按传统从上至下是部长、科长、组长。——编者注

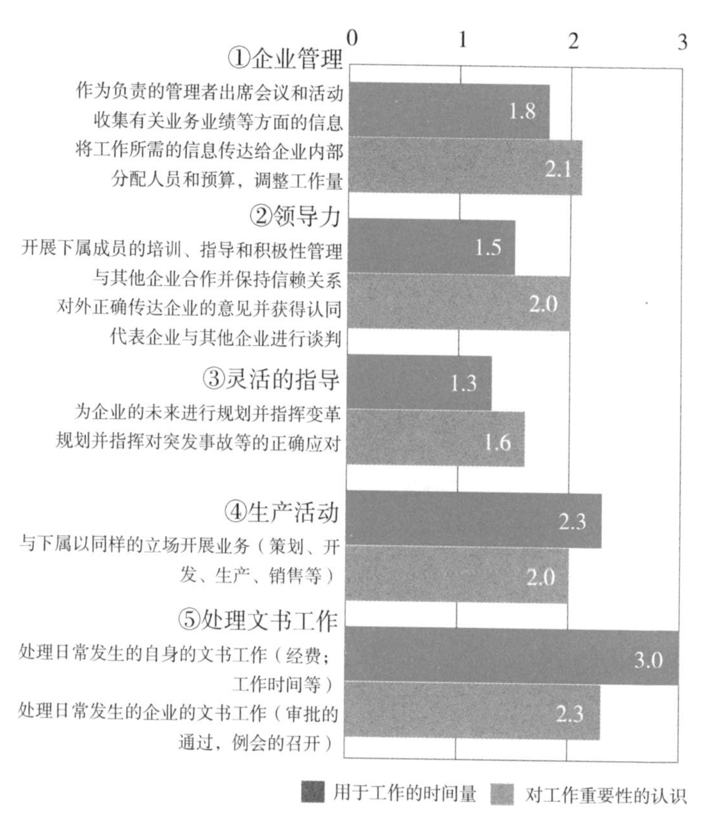

图 1-4　用于工作的时间量与对工作重要性认识的比例（平均）

注：图1-4 是对以下问题进行提问的结果："你对于工作①②③④⑤，每项工作实际上投入了多少时间？另外，你觉得这些工作中的每一项在实际生活当中的重要性如何？请在0～10之间输入一个数字。"因四舍五入，总数相加可能不等于10。

中层管理职位工作的46.7%可以削减

那么，如果中层管理职位的工作经过数字化转变会发生什么呢？如图1-5显示“中层管理职位工作的可能减少概率”。通过数字化，中层管理职位所从事的工作可能减少的可能性为46.7%。其中，通过人工智能或机器人实现自动化的概率为9.6%，而对于无法自动化而由人继续承担的业务，通过与数字技术相结合而提高效率的概率为37.1%。

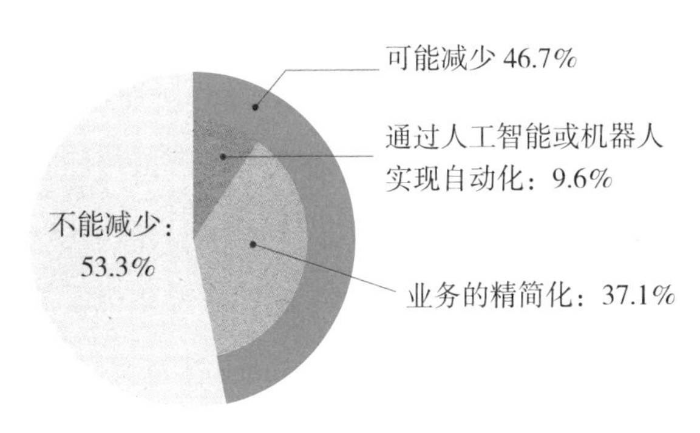

图 1-5　中层管理职位工作的可能减少概率

由于中层管理职位的工作种类繁多且难度较大，能够完全通过人工智能或机器人实现自动化的工作可能性只有9.6%。另外，即使是无法通过人工智能或机器人实现自动化的工作，也有可能借助人工智能实现业务的精简化。例如，有一项业务需要部长和组长重复核对发票，如果使用数字化的会计服务，一次审核就可以完成的话，那么“会计审核”这项工作本身虽然是由人来继续承担的，但是业务却可以在很大程度上被简化。这样的工作有37.1%的概率可以被精简化，也就是说，原本身处该职位的经理无须承担，或者需要重复承担的工作可以被集中到某一特定职位的经理身上。将这两者结合起来，就有可能减少46.7%的中层管理职位。

经理工作有55.6%可以削减

当然了，46.7%这个数字只是理论上的最大可能性，并不意味着实际会减少46.7%的工作。如图1-6所示，针对这可能减少的46.7%的工作，在考虑到每项工作所投入的时间量比例的基础上，对中层管理职位的总工作时间的可能减少概率进行推算的结果。结果显示，在工作时间量方面，55.6%（将图1-6中的比例相加得到的比例）的经理工作可以通过人工智能带来的自动化，或者是业务的精简化来削减。

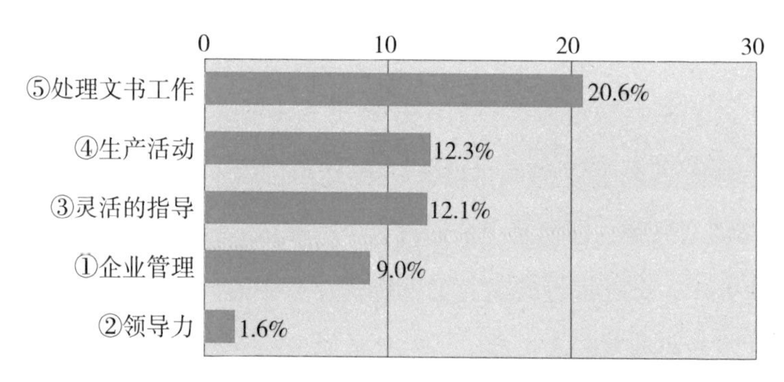

图1-6 中层管理职位可能减少的时间比例（根据任务种类划分）

结果表明，在⑤处理文书工作方面，可以减少目前工作时间的20.6%，④生产活动的时间可减少12.3%。③灵活的指导虽然是经理发挥的主要作用，但也有可能减少10%以上的时间（12.1%）。与②领导力相关的工作通过人工智能或者精简化能够实现的时间缩减程度较低（1.6%），可以说该任务是经理在其中发挥了不可替代作用的任务[①]。

仅仅将人工智能视为信息技术工具的话，不会让中层管理人员的工作更轻松

如图1-6所示，中层管理职位的工作通过人工智能或机器人实现自动化的可能性只有 9.6%。这一数字意味着，仅仅将人工智能作为一种信息技术工具引进，并不能使中层管理职位的工作变得轻松起来，而且不足以应对数字化带来的巨大挑战。重要的是将管理工作进行整合，也就是说，要将管理工作进行彻底的分工。之后需要考虑的是如何过渡到“岗位型雇佣”，即把人才用到合适的地方。

如图1-7所示，对目前由中层管理职位负责的业务当

---

① 下面简要说明推算的过程。对于被定义为中层管理职位工作的①~⑤，对每个职位级别的通过人工智能或机器人等实现的自动化可能概率进行了推算。具体来说就是，根据与每项任务重要性的关系来划分等级，可分为（A）重要且自动化难度高的工作由相关管理职位承担，（B）重要且自动化可能性高的工作由人工智能承担，无法由人工智能承担的部分由相关管理职位承担，（C）不重要但自动化可能性高的工作由人工智能承担，无法由人工智能承担的部分集中到最重要的职位身上，（D）不重要且自动化难度高的工作集中到最重要的职位身上。对于工作整合进行推算的前提是，本书作者认为企业在推进精简化的同时，重复的业务应当集中到相应的负责人身上。

人工智能时代

	各阶层保留的业务	有保留余地的业务	将被取代或集中整合的业务
部长级	①企业管理 ③灵活的指导	②领导力	④生产活动 ⑤处理文职工作
科长级	②领导力	④生产活动 ⑤处理文职工作	①企业管理 ③灵活的指导
组长级	④生产活动 ⑤处理文职工作	②领导力	①企业管理 ③灵活的指导

图 1–7　人工智能时代将会保留和消失的中层管理职位的业务

中，将由人工智能时代的中层管理职位承担的业务与将要消失的业务进行整理。目前，各级职位都存在业务管理、人力资源管理、资料准备等生产活动以及文书工作处理的各项业务，并且有些业务是重复的。通过对这些业务进行整理，并将它们整合到最合适的阶层当中，就可以减少37.1%的中层管理职位的业务（图1–7）。

人工智能时代，管理层将被精简化扁平化

在人工智能时代，部长、科长、组长等传统管理层将被精简化，阶层将会减少趋于扁平化管理。在扁平化管理的企业中，经理不再是晋升渠道的职位，而将由那些适合业务以及人力资源管理的人员来担任。作为日本雇佣模式的主流，即习惯把工作分配给员工的“成员制”雇佣模式，将优秀的

一线工作人员或专家放到中层管理职位上，强迫他们从事管理工作。结果就产生了中层管理职位的悲剧，即“生产、处理文书工作、人力资源管理、业务管理等每种工作都要完成”。另外，将不适合管理工作的人才强行安排在中层管理职位上，哪怕他们曾在现场工作中积累了丰富的经验，这样一来的话，他们就成了既无法回到一线，也不会得到进一步晋升的“窗边族”。

未来的中层管理职位将由具备管理能力的资质的人就任该职位，如果不具备管理能力，即使拥有资历，也无法成为中层管理职位。如果白领今后要走中层管理职位道路的话，那么掌握管理的能力是必不可少的。

失踪的白领将何去何从?

中层管理职位所承担的一半工作可以通过人工智能等实现自动化与整合，这意味着现在的中层管理职位当中，能够成为中层管理职位的人数将大幅减少。那么，一个不具备管理能力的白领就“没用”了吗？另外，除成为中层管理职位之外，就没有其他职业道路了吗？

不少中层管理职位转移到了中层管理职位之外的职位

如图1-8所示，企业中员工的变化。图1-8的上方表示当前，下方表示人工智能时代。在中层管理职位当中，只有具备业务能力或者人力资源管理者能力的人才能承担中层管理职位的角色，而可以被人工智能取代的工作则会交给人工智能。值得一提的是，经营状况的监控、审批的通过等行政手续将被人工智能取代，由此管理层的作用将主要集中在决策方面。他们将能够制定企业愿景和战略，专注于负责任和风险的决策，这些人数将会减少，但不会增加工作时间。

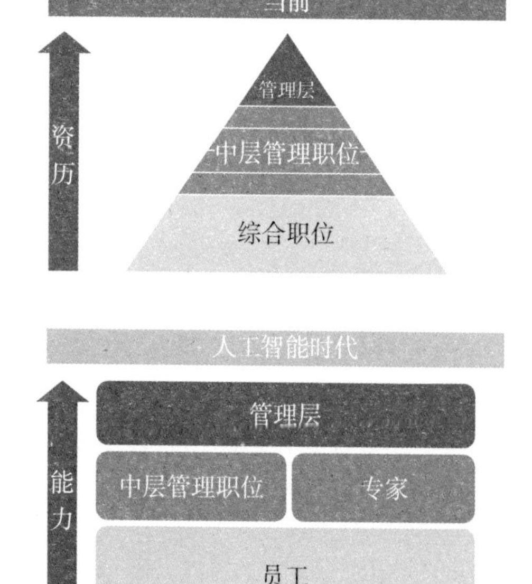

图 1–8　企业中员工的变化

未来的中层管理职位（以及管理层）的人数将少于当前的中层管理职位（以及管理层）的人数。这意味着会有不少中层管理职位转移到中层管理职位以外的职位上。

到目前为止，升职就意味着成为管理职位，而升职为管理职位的评价标准是资历。与此相对，未来评估职位的标准将从资历转向能力。如果中层职位只有中层管理职位，那么唯一受到评估的能力就是管理能力。未能成为中层管理职位的中层管理人员将被迫接受降职为普通员工或者离职。这也许就是过渡期的实际情况。

中层管理职位向普通员工阶层转移是无法避免的

实现顺利过渡的一种方法是在中层管理职位的评价标准上增加管理以外的要素，以发现他们在其他领域的能力。在中层管理职位当中，那些在特定领域具备较高能力的人很可能会转移到另一个系统，以便发挥他们作为专家的能力。另外，即使是作为管理者，如果在其他任何领域都不具备较高能力的人就不可避免地会进入普通员工阶层。普通员工就是在经理或专家的指挥下负责一线工作的人。与其成为一个无法发挥能力的窗边族，倒不如转移到能够发挥能力的地方。

目前作为普通员工阶层的白领，随着人工智能或机器人取代越来越多的工作，他们将迎来一种崭新的工作方式。通过这种方式，白领将掌握某些专业技能并发挥自身的价值。在特定领域具备较强能力的员工将成为“专家”，而选择培养管理能力的员工未来将成为中层管理职位。

过渡期间，中层管理职位将向普通员工阶层转移，但在未来少数中层管理职位和专家将出现在多数的普通员工阶层之上，企业的上下结构因此会变得更加紧凑。谷歌公司可以说是专家引领了以项目为单位运作的企业形式。

第四次工业革命对蓝领的影响

对于制造业来说，由于第三次工业革命的自动化进程，使得蓝领的人数已经大幅度减少。因此，从劳动者数量这一角度来看，蓝领在第四次工业革命中所受的影响并没有白领那么明显。即便如此，蓝领当中也存在很有可能被计算机自动化所替代的职业，对于近年来饱受劳动力短缺困扰的制造业，如果人工智能在被称为“工厂自动化”以及“智能化工厂（Smart Factory）”的高度自动化的过程中取得进展，那么劳动力短缺的问题有可能在数量和质量上得到解决。在这里，作者在对可能被人工智能和数字化技术所取代的蓝领的工作进行论述的基础上，讨论蓝领需要重新具备怎样的能力。

人工智能将取代迄今为止依赖人类感官的流程

在第三次工业革命当中，随着工厂的自动化程度不断提高，一部分简单的流程开始由机器人等操作。但是，对机器人和计算机进行的监控、难以实现自动化的复杂流程，纵览多个流程基础上的高级决策以及需要人类感官的流程（官能检查）等工作依旧由人来承担，因此有能力完成这些工作的“匠人”在工厂中留了下来。

相比之下，在第四次工业革命和被称为工业4.0的潮流中实现数字化的工厂中，通过在运用计算机对工厂进行虚拟再现的“数字孪生”[①]，以及工序和企业之间的数据关联等努力，可以进一步超越截至第三次工业革命为止所实现的工厂自动化或机器人化，并能够获得各种数据。而且，出现了一个有效利用和分析这些数据的平台，通过实时掌握每个流程的进展情况，并在流程之间建立数据关联，从而实现工厂内的流程从开始到结束的一条龙式改善。即使在个别工序中，例如质检工序那样迄今为止依赖人类感官的业务也正在被人工智能逐步取代。

在这种情况下，许多业务流程都将实现自动化，比如上面提到的监控，以及在纵览多个流程的基础上进行决策等。即便是无法立刻全部实现自动化，复杂的工序和需要人类感官的工序也有望逐渐被取代。

① 数字孪生（Digital Twin）指的是通过各种传感器和软件从物理空间中存在的设备和机器中收集数据，并在计算机上进行虚拟再现的技术和解决方案。这一技术使得虚拟监控工厂内部的情况，并在需要某些改动时进行模拟成为可能。

工厂所需的能力

未来的工厂需要具备什么能力的劳动者？在这里，作者想介绍3种能力：概念构想力、生态系统设计力以及创造力。

概念构想力

概念构想力指的是在考虑到管理决策、愿景等更高层次决策的同时，构想出一个概念的能力，使之能够确立工厂所应达到的目标并确保该目标的实现。例如，不管是“建立一家用数字技术全副武装的工厂”，还是“建立一家能够生产出（目前）只有匠人才能实现的高品质产品的工厂”这种极端的例子，归根结底都是概念的选择。人工智能很难在考虑世界形势和管理决策及愿景等影响因素的同时，考虑到工厂的定位，这种视角是只关注个别流程以提高品质的匠人所不具备的。

生态系统设计力

生态系统设计力指的是一种为了实现概念而设计具体机制的能力。数字化和人工智能的灵活运用不是在一次设计中就能完美启动的，而是必须通过反复假设验证来提高精准度的。

具体来说，必须具备打造闭环实施以下环节的能力：现场假说的构建，即“以这种方式灵活运用数字技术就可以实现相关概念”；数据设计，即“现场假设是否可以通过这些数据在这里进行分析和验证”；利用分析结果研究对策，以及以对策实施后的数据为基础的追加验证与改善。即使只是数据设计的一环，也需要综合考虑以下多个方面：数据关联应该扩展到何种程度（是公司内部的独立工序，还是包括其他公司在内的供应链的前后工序），应该对哪些现有数据进行分析以及如何分析，应该重新获取哪些数据（如何将现场的感觉反映在数据上）等。

这就需要根据工厂所处的物理环境（布局条件以及使用的设备等）进行适当的调整，然而由于人工智能本身很难重新对数据进行定义，因此定义需要由人来完成。例如，如果工厂设备的一部分被腐蚀的原因是海风，那么仅凭人工智能无法建立“原因恐怕在于海风”的假设，所以必须由作为“行走传感器”的人来做出假设，然后再对数据进行定义和验证假设。

创造力

创造力正是数字化进程当中所必需的能力。人工智能擅长于在既定的目标和数据内寻找最佳解决方案，却不能自行创建目标。它能够分析出当今世界哪种商品正在热卖，却无法得到“应该制造苹果手机”的答案（这种创造力将在第二章中详细讨论）。

虽然发挥概念构想力和生态系统设计力的人才是必不可少的，但需要的总人数却在减少。在这种背景下，发挥工厂一线员工的创造力，参与新产品的策划、设计、开发的人数将会增加。

随着劳动方式发生变化，企业设计也会随之改变

在本章中，作者回顾了工业革命这一社会整体的变革极大地改变了个体劳动方式的历史，而且表明了第四次工业革命中的数字化也将改变劳动方式的事实。在本节中，作者想谈谈个体的变化，即人力资源所需能力的变化会随着业务开展方式和企业设计的变化而发生改变，从而为以后的章节奠定基础。

人工智能与人协作

在过去的工业革命中，工作方式已经从匠人，即少数精英从事工作的方式转变为大量工人——无论他们是否为精英——在灵活运用技术的同时开展分工协作的工作方式。结果造成了对注重生产力的企业设计的追求。例如，弗雷德里克·拉卢（Frederic Laloux）在《重塑组织》（*Reinventing*

Organizations）一书中将灵活运用科技的大企业性质描述为具有高效而复杂阶层的完成型橙色组织。第四次工业革命将对这种企业设计的潮流产生影响。

本次的数字化指的是人工智能将对业务内容中有着明确定义的任务实施自动化。这意味着重复性操作之类的需要提高效率的任务将被人工智能吸收。同时，由于业务内容中没有被明确定义的任务将由人来承担，因此工作方式将转变为人与人工智能在各自擅长的领域互补的形式。换句话说，就是人与人工智能开展协作。

这样一来，就需要负责效率的人工智能等数字基础设施，来改善能够高效执行任务的数字环境。对于人类来说，我们得以从传统的重视效率和生产力的业务以及企业设计当中解放出来。负责的业务内容没有被明确定义为任务的一个代表性例子就是“创新”。企业为了实现创新这一竞争力的源泉，会设计出工作的个人、工作的人的业务以及组织的构造。

鼓励创新的企业设计

为了产生与创新相关的想法，人们认为采用多元视角是有效的，并且要求在企业内部实现人力资源的多样化。人力资源的多样化，也就是确保多样性，不仅是指一个劳动者所具有的国籍、性别、母语等能够客观把握的身份或属性，还包括价值观、习俗、技能、业务经验等劳动者所具备的内在特征。

那么，究竟怎样的企业设计才能够融合在内外两方面兼具多样性的劳动者，并且能够使这些多样化的人力资源对企业创新做出贡献呢？让我们简单浏览一下业务和组织结构中发生的变化吧。

以同种产品或服务组建一支团队

从人的业务这一观点来看，在一个拥有多样化人才的企业中，企业需要在把握每个员工自身的胜任能力以及技能的基础上，研究与人工智能的分工合作以便让每个人都能轻松发挥自身的能力，并设计出一种可以进行工作分配的机制，这种机制要求保持与他人能力的平衡。

从组织结构上看，必须营造出一个可以让员工与同事或合作伙伴展开协作的场所，每个人都可以发表意见、分享意见、进行创新。在这种情况下，不是像过去那样为企业内的每条供应链都创建相应部门，并在整个企业内开展业务，而是为每种产品或服务都组建一个团队，在团队内部汇集各类专业人才。在以这种团队为单位开展工作时，不仅企业内部的人才，外部的合作伙伴也会平等地向团队成员提出意见并发挥他们的专业性，因此企业这一组织将变为一个平台，每一位多样化的人才都可以发挥积极作用。

询问中层管理职位"创造性地开展工作必须具备什么"

图1–9是一份问卷调查的结果，该问卷针对当前的中层管理职位，询问他们企业需要做出哪些改变才能提升创新力。日本的中层管理职位意识到一个企业要想创造性地开展工作，最重要的就是"拥有更加多样化的员工队伍"，同时也意识到"建立能够迅速应对商业环境变化的灵活组织"的重要性。过去，我们习惯于把背景和技能相似的人才聚集起来，把应届毕业生统统安排到"综合职位"上，不考虑其能力与工作的契合

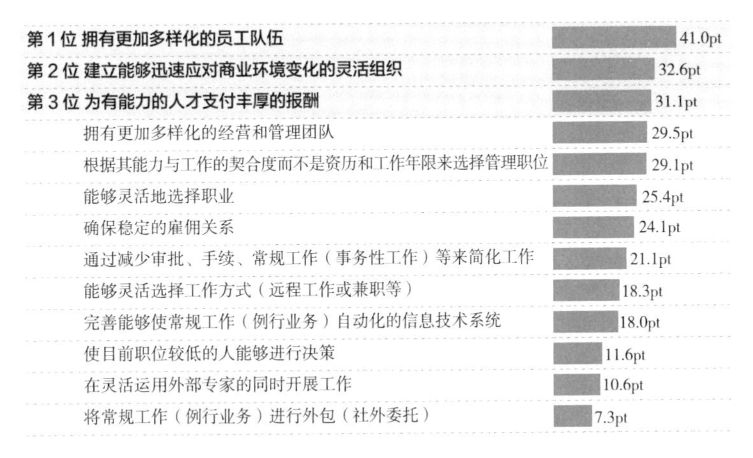

图 1–9 创造性开展工作的必需要素

注：图中列举了13个要素，并要求回答者从中选出自己认为的创造性开展工作所必需的前三位要素。第1位3分，第2位2分，第3位1分，按总分从高到低排列。

度就分配工作，全体都以资历为评价标准来晋升。这样的企业孕育出了一种与人工智能时代不相符合的危机感。

为了让企业“拥有更加多姿多彩的员工队伍”，不仅需要从战略上确保统一符合企业文化的人才，还需要从战略上确保具备专业性的人才。在此基础上，为了促进创新，需要有意识地创建一种机制，使不同的专业人才能够协同合作，并营造一种环境，使专业人才之间能够彼此舒适地平等地开展工作。

专栏 术语解说

当作者开始这项研究时，“岗位（job）”和“角色（role）”这两个词还算不常见，关于该如何理解“使命”和“职责”，作者请教了参加联合研究的一位大学教师。现在，作者有种恍如隔世的感觉，因为岗位这个词的使用已经相当普遍，经常被用在报纸的标题上。即便如此，想到那些对术语不甚熟悉的读者，如果他们对术语的理解存在偏差的话，那么本书的思想就无法准确传达。因此，需要对这些术语进行解说。在此解说的术语包括作为业务分类的“任务”“职责”“使命”；作为职务分类的“岗位”“角色”。如图1–10所示。

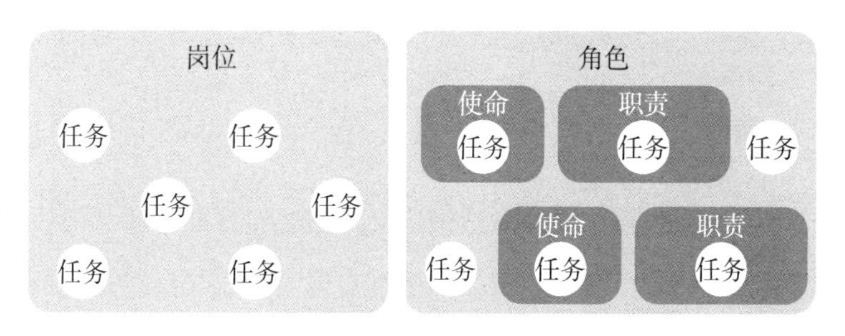

图1–10 工作与角色

任务

任务是构成工作的单位，其执行内容是由标准化手册等事先定义好的，是通过按照标准化手册执行就可以实现目标的业务。如果说工作是由任务的集合所组成的，那么，就能够以任务为单位进行外包，也可以重新分配给其他执行任务的人员。

职责

职责虽然被定义为应当履行的责任，但执行哪些内容才算履行责任却没有被明确定义。随着应当完成的工作抽象程度的提高，可能会出现以下情况：无法提前对任务进行明确的定义，无法提前准备详细的标准化手册，甚至即使有了标准化手册也会因为“意料之外”的状况而派不上用场。因此，人们必须通过自己的判断，根据不同情况来调整所应执行的内容。在这样的抽象工作中，可以通过短期或中期行动来完成的工作就是职责。

使命

与职责类似，使命虽然被定义为需要履行的责任，但执行了哪些内容才算履行责任却也没有被明确定义。在这种抽象工作中，特别是将抽象度高的执行内容作为中长期目标来看待的业务就是使命。

岗位

岗位被定义为任务的集合体。它基本上与个体挂钩，可以根据每项任务的执行结果进行评估。如果根据不依赖个体技能的任务进行定义，那么它是一项任何人都能承担的以工作内容完成度为导向的定向岗位。如果根据负责该业务的个体所具备的技能进行定义，那么它是一项规定相关个体负责范围的以人为导向的定向岗位。

角色

角色不仅仅是任务的集合，还包括以职责和使命为核心所构成的职务。职务的一部分可能包括任务。例如，如果身处经理以上的职位，就需要灵活应对自己的业务内容，如果身为专家，就将被赋予一定的裁量权。这种情况下，在进行职位描述（Job Description）的时候也将描述为角色型而不是岗位型。它是通过被赋予的职责和使命的完成情况来进行评估的。

日本企业的劳动环境

让我们利用以上术语来描述一下被视为“会员制”形式的日本的劳动环境。员工每次调动都会被分配到某个特定的部门，并确定他们的职务等级。例如，总务部部长、销售策划部的企业销售科长等。也就是说，虽然可以按照部门和职务等级来确定个人的职务，但并非所有应当承担的职务都有明确的任务来定义。

以部门或团队为单位来履行的责任称为职责，根据情况不同所需承担的任务可由部门或团队进行灵活操作。谁负责哪项任务会根据企业状况和个人技能等因素动态决定。因此，很难对个人进行公式化的评估，基本上是以团队为单位来进行评估的。

第二章

人类在与人工智能共存的时代中所扮演的角色

在第一章中，说明了许多变化是相互影响并同时发生的。例如，新技术的出现引发了工业革命，从而取代了过去吸收大量就业机会的行业，同时工人所应具备的能力也发生了改变。此外，还进一步说明了在目前正在发生的第四次工业革命中，白领的工作将在很大程度上受到自动化的影响。

在本章中，作者退后一步，冷静地审视第四次工业革命所带来的数字化这一威胁的波及范围。第四次工业革命产生重大影响的原因是人工智能技术的发展。这种发展有望进一步扩大自动化的范围。

"人工智能万能的时代即将到来"，此种想法不可取

读者也许已经接触过这种论调"机器学习的出现带来了突破性进展"，因此，"人工智能可以在没有人类指令的情况下自主学习"。那么，如果人工智能不断自主学习，所有的一切都能实现自动化吗？如果真的出现这样一种全能的人工智能，人类会不会在不知不觉中被人工智能驱逐，变得只会一味追认人工智能得出的结论呢？也就是说，在那些倡导"奇点"未来的人看来，人工智能在各方面都超过了人类的能力。

如果冷静审视，就会发现虽说人工智能是一种惊人的技术进步，却并非万能到可以取代所有的工作。本章主要对"奇点"的世界观进行否定，阐明人工智能既有优点又有缺点，并非万能的技术，从而引出人与人工智能共存的世界观。

人们在只有人才能胜任的领域开展工作

通过对人工智能的信息处理结果进行整理，可以确定出人工智能的应用范围。在此基础上，本章明确了人类与人工智能的分工合作：将人工智能擅长的领域交给人工智能，无法交给人工智能的领域则由人来承担。这就是数字时代的理念："人与人工智能共存。"关于人与人工智能共存这一理念下的工作方式，本章将通过设想一些场景来分享未来的蓝图。

人工智能的优势领域与劣势领域

在现代社会各种不同的行业有各种不同的业务。这些行业和业务是否能像科幻电影那样，通过高级人工智能的应用而全部实现自动化呢？如果人工智能的功能在所有方面都超越人类的能力，这一"奇点"真的发生，出现了万能的人工智能的话，那么人类可能会被赶出劳动力市场。

然而，本书否认了以上述"奇点"的实现为前提的世界观。取而代之的是，由于人工智能既有优势又有劣势，因此人类与人工智能通过各自承担自身擅长的领域从而达到共存，这才是本书所秉持的世界观。

那么，对于人工智能来说，其优势领域的业务以及劣势领域的业务，各自具有怎样的特性呢？为了思考这个问题，我们必须理解业务中所使用的人工智能的工作原理。本节，将通过对人工智能信息处理及其结果进行整理，探究出人类所做的决策中人工智能可以覆盖的优势领域。

人工智能的优势领域

人工智能处理信息的流程大致可以分为输入、过程、（处理后得出的）结果、解决方案4步（图2-1）。它代表了一系列的流程，具体包括：获取数据，使用算法对数据进行解析，输出结果，然后将输出的内容作为一种功能，使其成为人们可以灵活运用的解决方案。

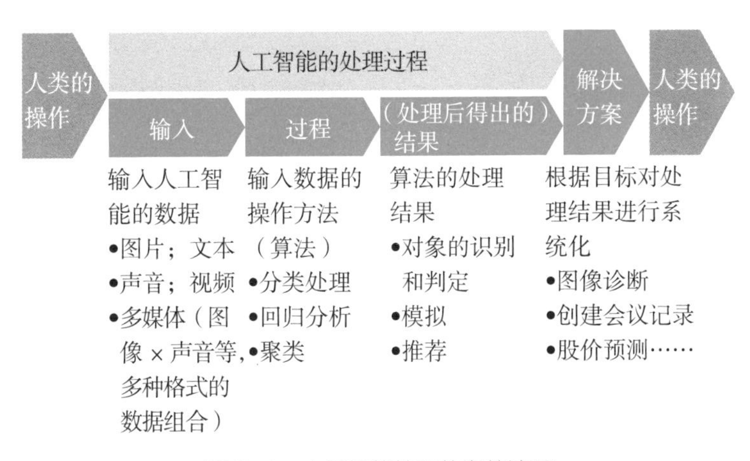

图 2-1　人工智能处理信息的流程

通过人工智能处理信息能够获得的结果可以分为对象识别、判定、模拟、推荐这四类。这是根据一个人做出决定时的步骤所进行的分类。也就是说，通常当人们做出某种决策时，首先要识别对象具有怎样的性质，然后判断它处于何种状态，在此基础上提出假设——对其施加怎样的作用将会产生怎样的结果，最后在考虑到这些结果中最理想的是什么的情况下做出最终决定。

按照人类决策过程中的步骤进行分类，可以说是对人工智能可以在哪些方面以及多大程度上可以替代人类决策进行了整理。换句话说，这就是人工智能的优势领域。另外需要注意的是，这些只是依照“人类决策”过程所做出的解释方法，而不是结合具体的人工智能算法进行的整理，因此实际上需要怎样的处理因具体情况而有所不同。

经人工智能处理后得到的结果

1.对象识别

对象识别是指以系统可以处理的方式对正在发生的现象或者现实中存在的物体进行识别，并根据需要对其进行标记。例如，对未知物体的形状、色调、大小等进行识别，然后对照已有的学习结果，最终将其识别为“猫”的过程就属于这个范畴。

2.判定

判定指的是在根据目的制定标准时，赋予识别被标记对象含义的行为。沿用上述例子来理解的话就是，如果目的在于猫的健康管理，那么判定相当于从对象猫的体型大小、体重高低等方面进行实时的定义。

3.模拟

模拟指的是对已经识别、判定的对象施加影响时，模拟出施加怎样的作用会产生怎样的结果。得出的结果是以某个坐标上的“情况变化”为前提的，如随时间推移、预定阶段的变化或案例的多样化等。

例如，给猫喂食A饲料时，未来的体重变化为a，喂食B饲料时，未来的体重变化为b，像这样对施加的作用以及对由此可能得到的结果进行假设的过程就是模拟。判定在识别对象同时赋予其意义，而模拟的不同之处在于，它需要假设某种情况变化，在此基础上推导出可能的结果。

4.推荐

推荐不过是最终决策权在人类而不是人工智能时的表达方式，在赋予了所应追求的目的或者目标的前提下，通过权衡提案的轻重，从而推荐最终应该施加怎样的作用。例如，以实现猫的健康最大化为目的时，人工智能方面甚至能够计算出应该喂的食物是C，从而为人类决策提供高度支援。

人工智能的弱势领域

上述人工智能处理信息的流程只不过是用人工智能代替了能够用数理算法表达的人工操作，因此不难理解在无法实现算法化的领域，人工智能将很难发挥作用。可以说这就是“人工智能的劣势领域”。

例如，对于无法确定使用何种数据才能得到最佳答案的高度抽象的课题，对于发生频率低到人工智能无法通过“学习”状况进行判断的课题，或者对于人类的参与本身就具有意义的行为课题，都很难将这些课题作为人工智能处理信息的适用领域。

人工智能不擅长的领域就是人类应该承担的领域。下一节将描绘出一幅人与人工智能共存并发挥各自优势的蓝图。

人与人工智能共存

两种共存方式

在深度学习的出现被极力宣传的时期，人们意识到了人工智能不断进化直至在所有领域完全凌驾于人类之上的“奇点”所造成的威胁。然而，正如作者在上一节中所论述的，人工智能并不是万能的，它只是一种高级算法。尽管计算内容越来越难，数据关系日益复杂，数据量呈现出爆炸性增长，计算的过程趋向多重化，其核心依然是进行数理处理的算法这一点并没有发生变化。因此，随着人工智能实际应用，人工智能万能论出现倒退，人们普遍认为人工智能也存在优势和弱势的领域。

在思考未来人类工作方式的基础上，认识到人工智能的优势领域——可以利用人工智能的数理算法得出结果这一功能大有作为的领域，与人工智能的劣势领域——虽然不适合利用数理算法进行计算，但却可以依靠人类来完成的领域。本小节对人工智能与人的和谐共存方式进行了整理。一种方式是人工智能与人分别承担各自擅长的领域，另外一种方式则是通过人工智能使人类的能力得以扩充和延伸。

共存方式

1.分担

首先是人工智能“分担”发挥其优势领域的方式。如今，越来越多的企业采用了一种叫作机器人流程自动化的服务。这种基于人工智能的业务自动化（automation）指的是，将过去一直由人完成的业务，通过人工智能将其内容原封不动地自动化。与人工操作相比，人工智能的高级算法还可以提高准确性，同时缩短时间的效果。

相比之下，人们非常担心人工智能会抢走人类的工作。

的确，从被自动化所取代的角度来看，可以说人工操作将会消失，然而实际上，正是由于人工智能分担了人类的工作，从而使得人类从简单操作中解放出来，这一点是值得肯定的。人工智能分担的工作不仅限于大量使用机器人流程自动化的简单操作，还包括由中层管理职位和经理所负责的检查与监测、审批文件的确认与进度管理等业务，以及云运算环境中的日志分析等业务。

这些业务只是中层管理职位等对应的个人所从事工作的一部分，因此个人不会完全被人工智能的分工取代。不过与人类不同的是，人工智能不会出错。所以，如果业务是人工操作，那么需要多人进行检查；但如果业务是人工智能，那么可以精简业务内容。即使在这种情况下，人工智能在业务中分担的任务由人类指定，人类与人工智能分担各自的业务这一点不会发生改变。

2.扩充

接下来是人工智能对人类能力进行“扩充”的方式。在实现扩充的过程中，人工智能的功能与人的能力共存于一项任务中。也就是说，借助人工智能的功能每个人的能力都能得以扩大和充实，从而提升了每个人的工作效率。换句话说，人工智能所进行的扩充指的是人工智能与人在相互补充以及相互合作的同时开展工作。

例如，在对大量数据进行分析和预测并根据结果做出决策时，人工智能进行数据的分析和预测，最终决策则由人类来承担，这种角色分工可以说是实现了人工智能与人的共存。之所以这样说，是因为人工智能即使具备了先进的算法能够进行数据分析和预测，也未必能够做出正确的判断，而当人们在考虑到各种情况的基础上做出决策时，人们可以提高决策的正确性。

相反，人工智能处理数据可以消除由于惯性思维以及个人经验所造成的偏见。因此，当人工智能进入日常业务时，人工智能和人类就可以根据业务的性质相互补充。通过人工智能所带来的扩充，人们能够发挥出超越自我的潜能。

决定分担领域的3种能力

本节对以下内容进行了说明：在未来人类和人工智能共存的情况下，会出现分担和扩充这两种方式，分担是为了提高效率，扩充则具有提高决策的效果。接下来，作者将揭示人类与人工智能在进行分工时所关注的要素有哪些。

人的能力是决定业务承担范围的重要因素

作为数理算法的人工智能和机器人技术无法应对的业务范围，将成为人类本身发挥价值的优势领域。也就是说，人工智能存在优势领域和劣势领域，人工智能所不擅长的领域需要人类来发挥作用。因此，在这种“由人来发挥作用的领域”中，“人们所需具备的能力”就成了决定各项业务划分范围的因素。

通过对职业自动化可能性的分析以及与专家的讨论，作者找出了“人工智能时代人类仍需保留的能力”，它们分别是“创造性思维”“社交能力[①]”和“应对非典型场景”这三种能力（表2-1）。下面作者逐一分析这三种能力各自是通过哪些要素以及如何决定分担领域的。

表2-1 人工智能时代人类仍需保留的能力

创造性思维	● 在对文脉信息情况进行掌握、分析的基础上，根据自己的目标意识提出解决方案的能力 ● 对抽象概念进行操作或者创造出新的抽象概念（例如，哲学、历史学、经济学、社会学、艺术等）
社交能力	● 与跟自己有不同价值观的他人进行合作的能力 ● 进行高级沟通，如理解、说服、谈判，或者采取服务性质的应对措施
应对非典型场景	● 即使没有先例或指南也能进行自主判断的能力 ● 业务未曾系统化，针对各种不同情况自己找到适当的应对措施

① 社交能力（social intelligence）即社会智力、沟通以及协调性等能力。

人类仍需保留的能力

1.创造性思维

“创造性思维”指的是根据目的对抽象概念进行整理或创造出新概念的能力。人工智能擅长在既定的目标意识和变量的框架内推导出最优解，但却不能在考虑到社会形势的情况下设定目标本身，也不能根据数理上无法定义的抽象度的因果关系来提出假说。

如果胜负的评判价值标准很明确，比如围棋和象棋，并且可操作的要素也确定，人工智能就能推导出最优解。如果是必须考虑因果关系进行决策的案例，例如，像经营公司这种仅靠社会状况和数据是无法得出答案的因果关系，人工智能就无法给出解决方案。

在企业管理中，必须根据具体情况选择优先考虑的具体目标，例如，优先考虑利润以确保股东回报，或者优先考虑员工满意度以降低离职率。而且，这些目标之间往往是相互制衡的，比如“为了追求利益而允许休息日上班”就与“为了提高员工满意度而鼓励带薪休假”而矛盾。

在这种情况下，需要决定优先考虑哪个目标，这就是“根据目标对抽象概念进行整理”。需要准确认识形势，明确目标，思考在二三十年的时间跨度中应该如何做出判断。

在这种抽象的、受文脉[①]左右的情况下，思考应该何去何从的能力，本书将其定义为“创造性思维”。

2.社交能力

“社交能力”简单来说就是沟通能力，却不是简单的对话，而是一种说服和谈判的能力。人工智能可以进行单纯的信息传递。可以搜索信息并提供给他人，也可以通过对话从他人那里获取信息。但是，如果是商店员工的话，则需要通过与顾客的对话发掘出顾客自身尚未意识到但却真正需要的商品。这是人工智能无法做到的，而这种能力就是社交能力。

无论是医疗领域还是公司收购领域，都要求与对方展开交流，需要与对方进行交涉，以便说服对方使其信服。因此，我们需要推测对方的内心活动，同时根据某种目标意识提取信息，并据此提出建议。这也是一种社交能力，是人工智能无法替代的能力。

3.应对非典型场景

“应对非典型场景”指的是对于未被系统化的各种不同情况，可以根据自己的能力判断什么合适什么不合适的能力。人工智能的适用范围基本上局限于可以学习的已知领域

① 文脉原本指的是综合考虑上下文以及情境，这里指的是以人类的智慧为基础进行综合判断，而不是采取机械式的综合判断，例如在既定的各种价值标准的情况下基于前提进行判断、基于假设进行探讨、在抽象和具体之间进行反复思考等。

以及可以实现标准化的领域，而对于那些未被系统化的情况以及过去没有类似案例的现象，由于缺乏学习数据，人工智能很难对它们进行判断。

即使面对相似性不高的现象也能从中发现共同点，从自身的丰富经验中推断出合理的选择，这种判断力，以及在承受一定程度风险之上推动执行的决策力，正是人类所期待的能力。

未来的工作蓝图

人与人工智能的共存可以存在于任何职业和行业中。这里，作者将在三个具体的工作场景中，探讨人与人工智能各自的分工范围是如何由能力决定的。首先是专业性强，人的作用备受重视的医疗业务。其次是作为服务业的一种，伴随着大量从业人员以及日常客户接待的银行窗口业务。最后是制造业中的商品制造业务。

医生：重点关注社会智能

几乎不可能被人工智能或机器人代替的职业之一是医生（自动化可能概率为0.4%）。虽然这一职业本身的自动化可能性较低，但是其中的一部分业务仍有可能通过人工智能等技术实现自动化。

机器人问诊缺乏社会认可度

在作为医生主要的工作之一的临床实践中，医生对疾病进行诊断，并通过药物处方等方式提出相应的对策。诊断疾病本身在很大程度上可以通过人工智能实现技术上的自动化，并且可以在概念上作为一种算法进行操作。例如通过模型来识别病症，开出适合的药物处方以及给予指导诊疗等。然而，药物处方需要具备相应的资格，通过诊断进行恰当处理所必需的机器人技术不仅需要克服技术上的难题，还有许多实际的操作无法实现。此外，在社会认可度方面，想要机器人取代医生的工作也不是件容易的事。例如，人们普遍存在抵触心理，不认可机器人判断的诊断结果。

此外，人工智能对从诊断图像中发现异常之类的信息处理，已经开始进入实际应用。例如，从计算机断层扫描（CT）图像中检测出疑似肺癌的异常部位，就是利用人工智能处理信息的方式之一，即对图像进行判断，有报道声称这一成果已经开始投入实际应用，并且机器判断的精确度要远远高于人眼判断。

医生运用“社交能力”来感知一切微妙之处

除了图像，实际检查中通过交流进行诊断是只有医生才能做到的。例如，患者声称胃部疼痛的时候，真正疼痛的部位是不是胃有时连本人也未必清楚。在这种情况下，如果患者声称“胃部疼痛”，人工智能会对胃疼的原因进行判断，但如果疼痛的部位不是胃，人工智能就很难从算法的角度做出判断。医生通过与患者交谈时时刻刻对输入的数据是否准确且充分进行验证。每一位患者处于怎样的状态，对其所有的细微之处进行感知的能力正是“社交能力”，这也是医生这一职业只能由人类来承担的理由之一。

将来，如果有案例表明胃痛的原因另有其他，将这些数据积累到一定程度，人工智能就能够推测出语言和图像之外的缺失信息，从而做出判断。今后，即使将人工智能或机器人更多地引入目前由于制度变革和技术创新而难以替代的工作，例如药物处方以及手术等，依然需要医生通过社交能力来获取正确的信息，不过人工智能在诊断中所占的比重可能会增加。

即使对患者的病情进行了准确的诊断，并针对患者个人列举了有效的治疗方法，到此为止医疗服务依然是不完整的。为了实际开展治疗，患者必须理解并接受治疗方案，同时积极配合治疗。人工智能可以提供详细的信息，甚至还可以提供语音对话。然而，在取得患者同意的过程中，针对患者个人情况的有效沟通是必不可少的，在这一过程中，患者对医生个人的信任度也发挥着很大的作用。

根据各自优势领域进行分工

影像诊断等业务交给人工智能或机器人，医生则负责与患者进行沟通。也就是说，人与人工智能分别在各自擅长的领域发挥作用。

美国初创公司Enlitic开发了一种通过计算机断层扫描图像来检测肺癌的解决方案，该公司表示，开发这项技术的目的正是实现人与人工智能的分工。“医生需要花费10~20分钟的时间来诊断一个病人的计算机断层扫描图像，需要大约10分钟的时间来写一份诊断报告。使用本公司系统的话，可以将计算机断层扫描图像的诊断时间缩短一半，剩下的一半时间可以用于临床或研究等只有人类才能完成的工作。”

窗口业务：人的作用在于弥补数字化的不足与构建人际关系

服务业的前台业务已经发生了工作上的变化。下面就以银行的窗口接待业务为例来看一下。

标准化业务可以通过人工智能的对象识别与判定功能实现自动化

通过自动取款机（ATM）和网上银行，大部分银行的窗口业务已经实现了自动化。现在，我们甚至不用去柜台就能完成在线开户。只靠网上银行就能完成交易的银行也在国内外不断涌现。也就是说，迄今为止人们根据操作手册以及积累的专业知识所从事的业务（例如，根据客户要求制作适当类型的文件并对内容进行检查），现在基本上通过运用人工智能的对象识别和判定功能，实现自动化已经成为可能。

当人工智能能够承担起大部分以标准化手册和专业知识为基础的窗口业务时，银行只需通过人工智能为大多数顾客提供自动化的服务即可，不必在窗口安排太多的前台员工。这样一来，要求银行前台的员工完成的业务内容将更加专注于只有人类才能完成的工作。这些员工需要扮演两种角色，即数字化补充角色与人际关系构建角色。

人类的角色

1.数字化补充角色

弥补数字化的不足指的是向不熟悉使用网上银行和其他技术的客户传授相应的使用方法以及手续的详细含义。也就是针对不熟悉操作的顾客、老年人以及残疾人等，帮助他们使用自动取款机和网上银行的员工。一直以来都是实体店里的银行员工教给顾客如何使用技术，今后，使用呼叫中心或聊天等的新型支持人员将发挥对数字化进行补充的作用。此外，对于发生频率较低的手续或需求，估计人们会故意避开自动化而去选择呼叫中心等的一对一服务吧。

2.人际关系构建角色

构建人际关系指的是通过提供高度体验（High Touch）的服务，例如调动人的直觉、身体性、感性中的“同理心”“款待”“殷勤好客”等，从而建立起与客户之间的信赖关系。长期以来，银行一直为富人提供资产管理等高度体验的服务。在这些销售性质的活动中，银行员工需要充分发挥社交能力包含的沟通能力，以及针对每位客户的不同个性采取不同的应对措施，也就是不依赖操作手册应对非典型场景的能力。

一旦窗口的前台业务实现自动化，能够从事这种高度体验销售活动的人员就将大大增加。这样一来，他们不仅能够为富人提供上门服务，还能够为更加广泛的中产客户提供来店咨询或者在线咨询等高度体验的服务。

于是，资产管理的负责人将开发出一种全新的业务模式，首先从客户那里获得对其个人的信任，在此基础上人工智能将从高度体验服务中获得的客户信息进行数据分析，从而出售相应的产品或服务。其结果将不失为一次机会，即摆脱传统的追求短期销售业绩的客户关系，转为与客户保持双赢关系的同时成为资产管理合伙人，从而帮助客户实现终身价值（Life Time Value，LTV）。

制造业：人工智能帮助人类发挥创造性

关于制造业中的产品制造，我们不难想象人工智能与人类协同工作的场景。第三次工业革命期间，制造本身的工序就已经实现了高度自动化；第四次工业革命期间，管理和构建生产线等领域的信息化将会得到进一步发展。

人工智能的认知和判断力为人类的创造性提供支持

进行到这一步，由于生产成本和效率很难出现差异，因此很难在制造阶段实现差异化，由此可以设想，在产品规划中的创造性、在制造工艺和供应链设计阶段的创造性以及在熟悉制造工艺实际情况下才能建立的现场假设中寻求差异化的趋势将会增强。

例如，在开发新产品时需要考虑制造什么样的产品，这时人工智能利用其“识别”能力和“判断”能力从社交网络服务的帖子中收集到的趋势信息等就可以作为参考资料。另外，需要根据现有的市场数据等定义，哪些功能趋势对于目标客户的属性是有效的。通过使用作为客户声音（Voice of Customer，VoC）的文本数据，可以大量输出有客户需求的功能和外观的组合。

人的创造力催生出“当今世界上并不存在的东西”

然而，最终将这些要素转化为“产品创意”的创新能力只能由人类所拥有能力之一的“创造性思维”来承载。一个好的创意的诞生过程没有固定的模式，其生成机制可能因人而异，似乎涉及过去的记忆、身体感觉、情绪等。其中一些要素本身就很难实现数字化，即使成功转化为数据，也极有可能无法成为通用的模型。

此外，创新催生出的是“当今世界上并不存在的东西”，这与从现有数据中寻找答案的人工智能处理过程不相符。人工智能虽然可以对“世界上很多人现在想要的东西”进行定义，但却很难发现“世界上没有人见过，但是看到实物就会产生渴望的东西”。

人工智能既不能设定目标本身，也不能定义用于实现目标的数据群，其中包括未经数据化的部分，更无法创造出使用现有的数据和逻辑无法表达的东西。但是，人工智能通过承担业务中标准化的流程，使得人类可以将更多时间投入到只有人类才能完成的工作上，从而开发出更具创新性的产品，使其以更快的周期投入市场。虽然这只是制造业中灵活运用人工智能的一个例子，但是通过实现人类与人工智能的这种方式共存，将有利于更高附加价值的产出。

人类的工作在于提高附加价值

本章倡导人与人工智能共存的状态，即由于人工智能不是万能的，因此把人工智能擅长的领域交给人工智能，人工智能不擅长的领域则由人类继续发挥作用。重要的是通过人工智能和人类的和谐共存来积极改变工作内容。在很多领域，技术创新已经引发了业务的自动化，工作内容也发生了改变，但却极少出现工作本身消失的情况。随着集成电路卡（Integrated Circuit Card，IC卡）的出现，车站检票口剪票的业务虽然消失了，但“车站工作人员”的工作并没有消失，而是发生了变化。比起检票，车站工作人员的工作可能更具创造性、需要具备社交能力以及应对非典型场景的能力。

这种人类与人工智能或机器人共存所带来的工作方面的变化有利于以各种各样的形式提高附加价值。在医生诊断的案例中，在取得同样成果的前提下，采用与人工智能分担业务的手法，医生就可以把时间投入新的业务中，从而取得更多的成果。在银行窗口业务的案例中，人工智能的能力使得传统的窗口业务实现自动化，留给人类的则是弥补数字化不足的业务，与此同时，和以前相比，银行能够面向更多的人，在人类特有的高度体验销售活动中建立起信赖关系。在制造业的产品制造案例中，人们能够专注于创造性的业务，从而实现企业的创新。

虽然人们灵活运用人工智能所产生的效果可以从各种不同的角度进行评估，但重要的是在考虑到如何改变工作以及从中获得成果的基础上，确定自己应该着重培养何种能力，从而创造出理想的未来业务。

索尼互动娱乐有限公司的创新机制

在本章的最后，作者将讨论索尼互动娱乐有限公司（下文简称“索尼互动娱乐”）的案例。拥有人工智能时代所应具备的能力的人才聚集在一起，通过发挥彼此的个性，打造创新型企业。

雇佣顶尖人才，使其活跃在自由思维之下的企业文化

索尼互动娱乐是索尼集团旗下的一家公司，提供以PS（PlayStation，索尼的一款电子游戏机）为代表的硬件、软件和网络服务。其中网络游戏服务业务是索尼集团的核心业务，拥有最大规模的销售额和利润，总部位于美国加利福尼亚州的旧金山湾区（靠近硅谷的圣马特奥），实现了在全球市场的持续增长。

索尼集团拥有一种“做别人不做的事情”（Like No Other）的企业文化。这是一种雇佣顶尖人才并使其在自由思维下发挥积极作用的文化。据悉，旧金山湾区的索尼互动娱乐也是如此。这种企业文化认为，创新的出现并非可以系统化，重要的是员工敢于说出自己想做的事情并将其付诸实践，展示出这样的姿态非常重要。例如，在索尼集团总部实施的内部新业务制度的“种子加速计划”（Seed Acceleration

Program）可以说是其中的一项措施。[1]

索尼互动娱乐也体现了索尼集团的这种企业文化和管理。为了在企业内部营造出一种引发创新的氛围，索尼互动娱乐雇用了顶尖人才以及各个领域的专家，并将他们集中在一起。

索尼互动娱乐采用美国企业标准的岗位型雇佣方式

美国的企业基本上是岗位型的。许多公司都有类似的职位以及类似的职务内容。当然，每家企业都有不可或缺的定岗职位，其标准是将人力资源分配到不同的职位上。例如，在人事运营中寻找人力资源管理的解决方案时，会起用具备该方案专业知识的人力资源。与其让员工进入企业后进行学习，不如直接聘请拥有相关经验的专家来承担这项工作。这样一来，在各个领域具备高度专业性的专家们将齐聚一堂。

总部位于美国的索尼互动娱乐就是一家岗位型企业。无论是软件工程师、管理职位，还是后台办公室，都是根据该职位的职务内容来采用所需要的人才，从而使其更好地完成其职务。

对这样的企业来说，营造一个良好的环境使得优秀人才能够发挥积极作用就显得尤为重要。具体来说，包括策划特定的项目使得相关人才能够发挥积极作用，改善办公环境以

① 从2019年开始，作为索尼创业加速计划，创造开放创新这一因素正在变得更加强大。

及基础设施以提高员工的工作热情，提供高水平的薪资等。尤其是在旧金山湾区，众多信息技术相关企业集中于此，优秀的人才也在这里汇聚。在这种环境下，换工作是职业生涯中理所当然的事情，如果不下力气营造出这样一种环境的话，企业就无法在高流动性的人才市场竞争中生存下来。

索尼互动娱乐的人才招聘与评估

在招聘方面，首先筛选出本公司需要的人才必须具备哪些技能组合，然后列出符合条件的人才名单，最后由人事部门亲自前去招揽。为了吸引优秀的人才，人事部需要成为坚实的支持者，与候选人保持密切的联系，悉心关照他们。只有这样，公司才能招聘到拥有一线经验与技术的专家型人才，以及有望成为此类专家的人才。

在人力资源评估方面，绩效与行动两者并重。企业看重的是员工的成果在多大程度上实现了当初确立的目标，而不是仅凭销售额这种靠一时运气决定的指标来对人才进行评估。

作为企业必然有其自身的商业目标，因此要考虑为了实现这一目标究竟需要怎样的企业？需要人才发挥怎样的作用？通过对商业目标进行清晰的定义，就会清楚地知道企业需要怎样的人才，然后才是寻找能够胜任岗位的优秀人才。与此同时，还须为他们营造一个舒适的工作环境。这样一来，高精尖的专家就会集中到企业里，从而有利于创新。

第三章

人类在与人工智能共存中实现进化

第二章在考虑到人工智能所发挥的作用的基础上，阐述了人工智能并非万能的，能够交给人工智能的是其擅长的领域，对于人工智能所不擅长的领域则需要人类活跃其中。这就是人类与人工智能共存的未来蓝图。只不过这种共存，并不是根据现在的工作内容来决定人类与人工智能的分工。

正如第一章所述，随着工业革命的到来，热门产业发生了变化，要求劳动者从事的工作内容也发生了巨变。人与人工智能的共存是在第四次工业革命人工智能和数字化的基础上实现的分工。第二章阐述了人工智能时代人类仍需保留的三种能力，即“创造性思维”“社交能力”和“应对非典型场景”。本章将针对这些能力，深入探讨个人该如何掌握与人工智能共存时所应具备的能力。

基于第四次工业革命的“人类所需要的能力”

关于“在未来就业环境中生存的能力”“21世纪需要的技能”“能够熟练运用人工智能和数字技术的人才”等问题，已经有很多人提出了建议。本章介绍的内容虽然与前人得到的这些成果有重叠之处，然而不同之处在于本章是在第四次工业革命这一社会动态的基础上对劳动力分布、个人能力和企业定位这三种非连续性变化进行整体分析并提出建议。因此，本章将使用统一的术语，在考虑到相互作用关系的基础上，就人类所需要的能力建立一个框架，而不必担心与前人的建议发生重复。

英国牛津大学的研究结果

首先，作为世界范围的研究成果，在此介绍英国牛津大学开展的对人类能力的研究。研究通过使用定量数据进行的分析，从统计学角度验证了更新自身能力的实践技能、独创性以及产生大量创意的能力正是“未来人类所需要的能力”。

这项研究非常有意义，尤其值得注意的是该研究表明的是“从目前存在的能力当中提取对未来有用的内容”。随着时间的推移，个人的能力逐渐被个别技能所取代。尽管如此，像这种对未来可能出现的重要能力进行特定预测，在一定程度上也掺杂了分析者的主观意见，相当于预言之类的东西。

因此，从弥补现在没有的能力项目的角度来看，本章找出构成个人能力的三项组合（功能性技能、操作性技能、胜任能力），并对数字时代人们将重点关注操作性技能以及胜任能力这一趋势进行分析。

回归教育的重要性不断提高

与能力相关的项目随着时代变迁而更替，这意味着个人所应具备的能力也在不断变化当中。那么，究竟该如何不断更新自身的能力来适应环境的变化呢?

我们不仅要通过教育课程，还要通过社会生活的实践，换句话说就是要终生不断地磨炼自己的能力，为了实现这一目标，继续教育的重要性将远远超过现在。然而，日本的现实情况，却是并非所有人都在积极磨炼自己，许多劳动者往往是被动接受磨炼，因而实现继续教育的难度很高。为此本章还将提出若干建议，以建立解决这一课题的机制。

不断更新个人能力也成为人与人工智能协作的对象，在开始构建灵活运用“人力资源技术”机制之际，我们必须脱离以企业为单位的数据管理，转而迈向以个人为单位进行数据携带的时代。

牛津大学的调查

2030年所需要的能力

未来就业市场需要的个人能力是什么？英国牛津大学的一篇论文《技能的未来：2030 年的就业》根据美国和英国的社会情况对2030年劳动者所应具备的能力进行了分析。

具体来说，根据美国O-NET公司的职业数据库的定义，个人的能力被定义为技能（skill）、知识（knowledge）、能力（ability）三类，共计120种，并根据每一种能力的特征，分析其与未来社会需求之间的关系。表3-1显示了美国和英国认定的未来有需求的前10种能力。

表 3-1　未来有需求的能力

美国	英国
1.Learning Strategies Skills 接受终身教育中的学习和获得教育实践技能	1.Judgment and Decision Making Skills 决策力
2.Psychology Knowledge 理解他人言行和背景情况的系统知识	2.Fluency of Ideas Abilities 批量生成创意的能力
3.Instructing Skills 教给别人方法的技能	3.Active Learning Skills 在日新月异的领域内从新信息中获得洞察的技能
4.Social Perceptiveness Skills 识别他人反应并理解其言行的技能	4.Learning Strategies Skills 接受终身教育中的学习和获得教育实践技能
5.Sociology and Anthropology Knowledge 理解人类所具有的行动原理的人文学科知识	5.Originality Abilities 创意生成与问题解决中的独创性
6.Education and Training Knowledge 关于教育的效果测定方法的知识	6.Systems Evaluation Skills 为了达成目的而挑选改善系统性能的指标的技能
7.Coordination Skills 根据他人言行来调整自己言行的技能	7.Deductive Reasoning Abilities 运用普遍知识解决具体问题的能力
8.Originality Abilities 创意生成与问题解决中的独创性	8.Complex Problem Solving Skills 理解复杂的问题、分析相关信息并从中找到解决方案的技能

（续表）

美国	英国
9.Fluency of Ideas Abilities 批量生成创意的能力	9.Systems Analysis Skills 设定系统应有的状态，对条件和环境影响进行评估的技能
10.Active Learning Skills 在日新月异的领域内从新信息中获得洞察的技能	10.Monitoring Skills 评估和衡量人员与企业的绩效，并对其进行提高和改善的技能

来源：作者根据《技能的未来：2030年的就业》绘制。

对于与行动相关的技能和能力，美国和英国双方共同认为有较高需求的是：接受终身教育方面的学习和获得教育实践技能（Learning Strategies Skills）、在创造性思维和解决问题方面的独创性（Originality Abilities）、批量生产创意的能力（Fluency of Ideas Abilities）。在不断追求创造和实现新价值的社会中，这种独创性和想象力是不可或缺的要素。另外，为了达成目的而挑选改善系统性能的指标的技能（Systems Evaluation Skills），理解复杂的问题、分析相关信息并从中找到解决方案的技能（Complex Problem Solving Skills）对于解决具体问题或课题来说至关重要。

排在前面的大多是技能和能力，相比之下对知识的需求很少出现。比起个别领域知识的有无，具备与行动相关的具体技能、能力等特征的能力更引人注目。在职业自动化可行性分析中，能发现那些无法通过人工智能和机器人等实现自动化的工作，其特征就是创造性思维、社交能力、应对非典型场景各个要素之间存在着较强的关联。

这里需要特别指出的是关于接受终身教育中的学习和获得教育实践技能，在日新月异的领域内从新信息中获得洞察的技能这是种“不断学习的能力”。面对工作内容不断变化的未来，能够掌握并发挥新的技能、能力和知识的人才将成为公司内部需要的人才从而备受器重。

需要注意的是，这种分析只是利用O-NET的职业数据库规定的要素进行的。也就是说，是根据现有的工作对能力进行定义，然后观察这些能力在未来的需求是如何提高的。换句话说，这项分析并不包括未来新出现的工作以及新定义的功能。虽然在预测未来时使用当前的数据是没有办法的事情，但是如果5年或10年后重新对未来进行预测，那时世界上可能还会需要不同的能力。

考察将来可能出现的工作

这项研究还对将来可能出现的新工作进行了考察。根据未来可能需要的能力，从统计分析中抽取了与这些能力关系密切的职业群，从而提出了由此产生的假想性工作的情况。

例如在美国，普遍认为宠物护理师、按摩治疗师、护工、家政师以及上门护士这一“护理”类别在将来有着巨大的需求。这一类别目前不一定需要较高的技能，属于工资水平不高的职业。在美国，这些职业相对来说地位较低，被视为就业不稳定的工作。

然而，有分析表明，人际技能的重要性和作为具有多种专业知识与经验的任务集合的护理类工作的重要性，将导致未来需求的增加。未来应具备的能力表明了未来社会所需要的工作形态。

人的能力

何谓能力

这里需要重新解释一下什么是“能力”。之前曾经提过，在人类与人工智能共存的未来，人类所需具备的能力包括创造性思维、社交能力、应对非典型场景。例如，在社会智能领域，人们常说“沟通能力很重要”，但是具体来看既有“擅长倾听的人”，也有“擅长说服对方的人”“擅长进行逻辑说明的人”，甚至“因为人品出众而被当作领袖而备受信赖的人”等，具体的能力多种多样。这些人类所具备的具体才能本书称之为“能力”。

能力是多种多样的，如果要谈论每个读者的能力时，则需要具体说明每个人所具备的不同能力。然而，由于本书的立场在于每个人都具备不同的优秀才能，因此很难对每一种具体的能力进行解说。考虑到这种情况，为了进行更加深入的讨论，与其针对个别的能力，不如将具有类似性质的能力进行分组。在本书中，作者建议将能力分为三组，分别是功能性技能、操作性技能以及胜任能力（图3-1）。

图3-1　3组功能

功能性技能

执行任务的各种能力就是“功能性技能”。换句话说，某项“技能”是指完成一项任务所需的各种能力之一。因此，每个业务领域的核心技能类型和作用是不同的。在过去，被称为“读、写、算”的具有通用性的功能性技能备受重视，但是随着新的业务领域的出现，新的功能性技能，例如“编写Python”“倾听能力”等正式登场。

其中，在数字领域中备受青睐的功能性技能包括应用程序和服务支持，甚至具有随着计算机语言的兴衰而不断更替的性质。因此，如果你被“现在需要的技能是这个”之类的广告标语所吸引，从而掌握了专门针对某种计算机语言的功能性技能的话，尽管在当时可以成为有价值的数字人才，但如果采用新型计算机语言的新型云服务出现并席卷市场的话，数字人才所需要的功能性技能很快就会被替换。

操作性技能

实际的工作只建立在一种功能性技能基础之上的情况很少，往往需要同时使用其他各种功能性技能。这就要求我们根据具体情况来判断自己所掌握的功能性技能中哪一种是有效的，与其他哪些技能相结合会发挥更好的效果。这种恰当运用技能的能力就是“操作性技能”[①]。

因此，一旦掌握就能作为数字人才养活自己一辈子的具体功能性技能几乎是不存在的。

胜任能力

需要从长远角度开展的工作，或者自己的职责范围内所

① 虽然“操作性技能”也被称为“认知技能”，但由于不同研究领域的定义内容存在差异，因此本书特意使用了独创的术语。

需负责的工作。对于这类自主性高的工作，除了掌握技能，积极性和适应力之类的能力也备受重视。这些要素在过去一直被认为是天生的个性，例如“志向”和“抗压能力”等。然而，这些要素也可以通过后天的习得或控制的办法逐渐积累起来。因此，积极性和适应力就成了一种可供后天习得的要素，被称为“胜任能力”，现在这些要素被公认为是构成能力的关键要素。

随着新冠肺炎疫情全球大流行这一公共卫生事件的突然发生，人们广泛意识到适应力这种胜任能力对于业务以及商业环境的把控至关重要。适应力这种能力不是通过抗压的天性来获取的，而是要从通过风险控制和风险管理中积累起来的经验和方法中才能够获取的。

实际案例中的三组能力

下面就让我们来看看功能性技能、操作性技能、胜任能力这三组在实际当中是如何结合在一起的。

比如，以向客户进行产品说明这一任务为例，其核心是通过逻辑说明这一功能性技能帮助客户理解产品的功能和特征。但是，客户希望重点了解哪些特征，以及希望卖家在多大程度上详细地讲述产品功能背后的技术，不同的客户有着不同的需求，这一点要准确地搞清楚。

进一步来说，有时候为了弄清楚客户为什么需要产品说明，首先要倾听客户的体验，在这种情况下，灵活运用操作性技能中的倾听技能就变得尤为重要。为了向挑剔的客户不间断地进行推销，必须不断地、因人而异地调整动机，比如这次是为了顾客，下次却是为了社会，这就是所谓的“胜任能力”。

由于三组能力之间的分界线很难明确定义，因此市面上的图书往往会夸大作者重视的要素，比如“一切都与工作能力相关”。然而，重要的不是确定分界线的位置，而是将人类的能力分为功能性技能、操作性技能、胜任能力这三组不同的类型，然后结合工作内容以及每个人擅长的领域进行思考。

对未来所需能力的预测

未来需要的是怎样的能力？例如“未来技能”“人工智能人才的必备条件”等预测比比皆是。这些预测可分为两种类型。

基于现有能力的预测

一种预测是“在现有的能力当中，某某能力的重要性在今后将会大大提高”。例如，英国牛津大学副教授迈克尔·奥斯本（Micheal Osborne）针对人工智能带来的社会影响与日本野村综合研究所开展过共同研究，之后他还参与了《技能的未来：2030年的就业》，根据被美国作为标准使用的技能和知识清单（O-NET准则），对未来许多职业所需要的技能和知识进行了定量预测。经济合作与发展组织（OECD）发布的《OECD未来的教育与技能2030》（*OECD Future of Education and Skills 2030*）也是如此。这种方法的优点在于，通过灵活运用现有的分类可以锁定到具体的个别技能，还可以利用数据进行预测，然而缺点却是难以把握那些如今尚未命名，但今后会越来越重要的能力。

包含尚未出现的能力的预测

另一种预测是“包含现在尚未出现的能力在内，将来某某能力的重要性会大大提高”。例如，世界经济论坛发表的《2018未来的就业报告》（*The future of Jobs Report 2018*）；国际合作项目“21世纪能力教学与评价项目”（Assessment and Teaching of 21st Century Skills，ATC21S）在其提出的“21世纪技能”中强调：10种大项技能将变得至关重要；美国菲尼克斯大学公布的《未来工作技能2020》（*Future Work Skills 2020*）则挑选并提出了10种小项技能。这种方法的优点，是它不受现有分类的限制，可以对未来所需的能力进行分类和追加。它的缺点在于，虽然明确了反映世界变化的大方向却没有具体化，以及即便具体化却难以提供相应的数据支持。

无论是哪种方法，都很难对未来的能力做出具体而有力的描述，因此需要在理解现有清单局限性的基础上进行灵活运用。

自我管理时代

那么，要想在数字时代生存下去，我们应该如何把握自身的能力呢？本节首先要指出，终其一生只在一家公司工作，并在该公司通过实际业务接受人才培训的模式正在被打破。取而代之的是能力或自我管理时代的到来。

日本企业的模式正在瓦解

迄今为止，日本企业都是以终身雇用为前提的，即求职者在高中、大学毕业后到公司就职，一直工作到退休为止。正是由于这一前提，公司才愿意花费很长的时间通过“在职培训”（On the Job Training，OJT）来培养应届毕业生。然而，在商业环境日益复杂、变化速度不断加快的情况下，由公司来长期培训大量员工的传统模式已不再适合，必须根据具体情况灵活利用人才。

这样一来，人才培养方式就发生了变化，公司不再从长远角度将应届生培养成综合型人才，而是直接招聘对应需求有工作经验的人才。增加招聘有工作经验的人才意味着跳槽率的增加，结果造成了就业流动性增加。人力资源的高流动性意味着即使企业对员工进行了培训，他们也很可能跳槽到其他公司，这可能会导致企业降低从长远角度对人才培养进行大量投资的积极性。

当然，由于劳动力倾向于选择积极开展人才培训的企业，因此企业不会完全放弃人才培训。但是，由所属企业长期承担在职培训这一模式肯定会被打破。

顺应“自我管理”的趋势

在这种情况下，个人妥善管理自身的能力将比以往任何时候都要重要。在日新月异的商业环境中，我们必须确定自己的职业目标，并从战略角度审视自己为实现这一目标所应具备的能力。例如，可以围绕以下项目展开自我管理。

- 自己在三组能力当中最擅长哪种能力。
- 所擅长的能力是否适合自己目前的业务。
- 哪些能力在人们所追求的未来工作中是有用的。

- 如果意识到自己需要学习新的能力，或者需要进一步提升能力，这时应该如何磨炼自己。

对于那些积极主动想要提高自身技能的人来说，“自我管理”的趋势无异于一个好机会的到来。然而，对于那些看不清未来方向的人，或者虽然清楚必须提高自身能力，但总是迈不出第一步的持消极态度的人来说，他们赶不上世界变化的风险就大大增加了。

例如，如果有这样一个系统，能够以统一的方式对从义务教育阶段到高等教育、就业以及转行的经历进行数据解析的话，我们就可以了解跟自己有着相似经历的人在什么领域，通过何种途径发挥作用，这也许能帮助我们认清从现在到职业生涯终点的道路。或者可以帮助我们根据自身的性格特征和行为模式来区分哪些是我们易于掌握的能力以及哪些是我们不易掌握的能力。

当然，企业也会比以往更加努力地钻研人力资源的管理方法，然而在数字时代，即使员工百分之百地遵循公司的员工培训计划，如果某一天商业环境突然改变，那么就有可能造成员工职业生涯的中断。而且，对于企业来说，如果员工拥有明确的职业规划，那么就比较容易判断其是否符合公司目前的方针。企业今后将更加依靠人力资源管理系统，从而建立起整个社会的人力资源流通的基础设施，以提高企业之间人力资源的流动性。

人力资源开发的主导权将从企业转移到个人

像过去的日本社会那样，企业承担人才教育的重任，从长远角度培养人才的“在职培训”方法将逐渐被抛弃。今后，由于个人承担目标意识和能力自我管理，结果将形成一种企业的人力资源战略与整个社会的人力资源需求高度关联的灵活就业环境。在这种环境中，每个人切实拥有自身战略将变得越来越重要。人力资源开发的主导权将从企业转移到个人手中，根据个人如何培养自己的能力，他们可以实现的职业生涯将会发生比以往任何时候都要大的变化。

通过继续教育获得的能力

在与人工智能共存的时代，人类应该承担的领域会随着人工智能的技术发展而改变，也会受到数字化社会和产业结构变化的影响。在一个以更快速度变化的社会中，我们需要掌握的是能够发挥人类独特价值的技能。

那么，一个人究竟该如何终身学习，不断更新自己的能力呢？为了能够在工作的同时也能更新能力以适应时代，

“继续教育”就变得必不可少了。在这里，作者试着对回流教育的重要性和方向性进行阐述。

何谓“继续教育”？

继续教育指的是在结束学校教育并完成就业之后，必要时返回大学或研究生院等教育机构继续学习，终身在学习与工作之间不断重复的过程。现在提到“终身学习”这个词，往往会给人一种社会人士在工作之余学习兴趣爱好的印象。然而，在人工智能时代，无论身处哪家公司、职业或职位，都需要不断接受继续教育，以提升与自身业务直接相关的能力。

培养数字化人才的两种方式

能力升级的方向性可以从两个方面进行考虑：一方面是掌握符合人工智能时代的新的技能，另一方面则是将自身已有的技能进行升级（图3-2）。通过继续教育掌握符合人工智能时代的新的技能，将自身已有的技能进行升级，促使自身掌握多种技能，有助于提高个人内在多样性，推动创新，也有助于提高自身在晋升和跳槽方面的市场价值。

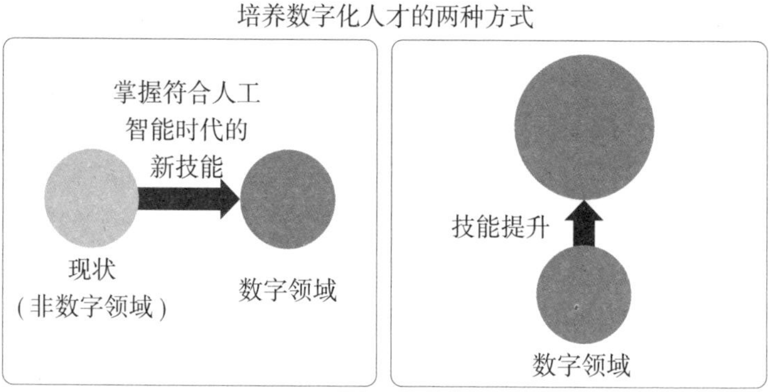

培养数字化人才的两种方式

掌握符合人工智能时代的新技能

现状（非数字领域）

数字领域

技能提升

数字领域

图 3-2　培养数字化人才的两种方式

有学习策略的人，没有学习策略的人

如果通过继续教育使能力得以升级，就能够获得实现新价值的手段，而且即便是现有的业务也可以得到大幅度改进。这种所谓的创新人才可以说是能够持续保持学习动力并具备“学习策略”的人才。他们是致力于不断更新自己能力、不断学习的人才群体。

然而，并不是所有的员工都拥有掌握新知识或新技能方面的“学习策略”。更何况，始终保持学习动力并非易事。继续教育的好处在于，即使发觉自己目前距离创新人才还很遥远，通过掌握创新人才后天习得的技能，自己就有可能转变为能够推动创新的人才。

个人不应只局限于所在企业提供的工作经验和培训，而应主动参与外部机构的继续教育项目。对于人们来说，当今快速变化的世界接受继续教育是理所当然的，因此那些需要推动创新的企业必须意识到，采用继续教育机制也有利于员工形成对企业的忠诚感。

创新型人才所需具备的胜任能力

日本经济产业省的《关于企业推广开放式创新中的人力资源管理调查》报告显示，创新型人力资源所需具备的胜任能力见表3-2，可以分为先天要求的素质与可以后天培养的技能。

表 3-2　引发创新所需的胜任能力

创新型人才需要的技能/胜任能力		企业内部培养人才的方法（例）	其他企业培养人才的方法（例）
先天要求的素质（招聘中需要考虑的因素）	能够注意到新事物的能力	在很大程度上取决于个人兴趣	—
	利他精神/创新热情	在很大程度上取决于个人的思想/特性	—
可以培养的技能（在继续教育和人力资源开发中需要考虑的因素）	领导力	积累项目管理的经验	参与公益性专业活动
	通识教育	通过留学和培训积累各种经验	在教育机构或在线教育获得学位

（续表）

创新型人才需要的技能/胜任能力		企业内部培养人才的方法（例）	其他企业培养人才的方法（例）
可以培养的技能（在继续教育和人力资源开发中需要考虑的因素）	研究开发经验	到技术开发部门任职，积累研发经验	对其他公司的体验
	技术鉴别能力	到技术开发部门任职，积累研发经验	对其他公司的体验
	情景规划能力	积累谈判的经验	在教育机构或在线教育获得学位
	对公司内部的深入理解	让员工体验与公司内部其他不同部门的合作	—
	对其他公司的了解和研究	鼓励积极参与与外部机构建立关系的机会	参加跨行业交流会；学习小组；志愿团体
	从外部获得参考和经验的能力	积极地创造建立工作内外人际关系的机会	参加跨行业交流会；学习小组；志愿团体

来源：作者根据《关于企业推广开放式创新中的人力资源管理调查》报告（日本经济产业省）绘制。

先天具备的能力与后天可以掌握的能力

创新型人才需要天生就具备的能力，比如能够注意到新事物的能力（在好奇心的驱使下广泛收集信息，从中发现新事物，自行设计课题或工作的能力），以及利他精神和对创新的热情（从企业内部或企业外部吸引合作伙伴的利他精神；解决事业和社会问题的热情）大多是在正式踏上社会之前的经验和认知的形成中培养出来的，很难在踏上社会之后才掌握。另外，创新型人才通过经验和学习后天获得的技能，即使对于那些原本缺乏创新精神的人，也可以通过后天习得。

领导能力通过企业外部的公益性专业活动习得

让我们来看看表3-2所示的创新型人才需要的胜任能力是如何通过继续教育获得的。

这里将"领导力"定义为能够推进团队向目标前进的能力，以及能够团结各类相关人士获得普遍信赖的人性。这种能力不是在工作单位，而是通过节假日参与的公益性专业活动，利用自己的专业知识和经验，在项目经验的积累中获得的。

这里将"通识教育"定义为能够在包括专业领域在内的众多课题上进行思考和讨论的能力。这种能力既可以通过工作，也可以通过在职业学校或研究生院攻读学位来获得。将来，即使是那些不属于任何企业的自由职业者，只要他们愿意提高自己的技能，就可以通过使用一种被称为慕课（Massive Open Online Course， MOOC）的在线教育课程来获得官方认可的结业证书，从而提升自己的资历。

随着疫情造成的远程工作方式的普及，在线会议工具的发展，教师和学生可以实时上网、在线接触，越来越多的人将利用聊天、视频会议、白板和虚拟课堂等功能，通过数字交互式学习来提高自己的技能。

不少人缺少学习自主性

然而，即使具备了良好的学习环境，也并不意味着每个人都能主动地保持终身学习。愿意终身学习，培养只有在人类身上才能发挥的技能，这样的人并不多见。相反，随处可见的是缺乏主动学习各项技能的意识，最终因为没有充分掌握能力而被淘汰的人群。

由于新冠肺炎疫情全球大流行的影响，大部分国家和地区经济停滞不前，失业人数也在不断增加。在这种情况下，能够灵活应对环境变化并发挥能力的人与那些不能灵活应对环境变化的人之间的区别在于，是否通过学习掌握并发挥了能力。对于经济不景气的餐厅，有的店铺通过迅速引进外卖服务开展外卖业务，有的店铺利用社交网络服务建立销售渠道，这些餐厅毫无疑问将存活下来。他们通过引进非现金支付，例如以Drive-Thru服务模式①进行销售，或者通过发行优惠券建立预付款机制，各种措施比比皆是。

这些措施的可行性与本人的信息技术素养不无关系。虽

① Drive-Thru全称“Drivethrough”，俗称“得来速”。常见应用场景是汽车穿梭餐厅，提供不必下车的快餐外带服务，取餐快，不聚集。——译者注

然有很多关于如何使用智能手机和利用网络服务技巧的书和课程，但是能够亲手学习和实践这些技巧的人并不多。现在，各种教育内容都可以通过在线观看，地区差异就影响甚微了。

问题的本质在于，即使拥有良好的学习环境，能够主动学习的人群也不多。许多缺乏继续学习动力的人只能被社会抛弃。他们要么因为无法适应环境变化而失业，要么只能从事附加值较低的工作，因为这些工作交给人类暂时比交给人工智能或机器人更便宜。显而易见，他们没有光明的未来。总而言之，如果不能成为具备上述技能并能够负责创新的人才，那么就要面临被就业市场淘汰的命运。

有能力就能找到工作的生态系统

这一对策需要主动性以外的因素来进行激励。如果能够简单地表明掌握能力的价值，并对其进行积极评价，那么激励机制就会发挥作用。人才拥有怎样的能力，何时及如何掌握这些能力，这些经历能够被记录下来并作为通行证使用，只有如此才算是为人才提供了活跃的空间。最终形成一个工作与报酬追随能力而来的良性循环。

由继续教育支撑能力的时代即将到来

这里的前提不是以终身雇佣为代表的“成员制”雇佣体

系（把工作分配给人），而是以“岗位型”雇佣体系（把人分派到工作中）的概念普及为前提的。这是一种人尽其才，将特定技能（人力资源）应用于特定工作的机制。当然，并不是所有的雇佣习惯都会马上改变，但是在信息技术人才、管理人才的带动下，人才市场正在发生巨大的变化。由继续教育支撑能力的时代肯定会先于这股潮流到来。

重要的是掌握能力的环境，以及从义务教育开始通过社会生活将能力作为个人记录进行积累和运用的功能。企业内部正在引进人力资源技术来保留技能和培训的记录，但是这样一来，个人就很难从企业将数据带走。此外，在大学和就职的公司，甚至在准备跳槽的公司里，如果衡量能力的项目和标准不同的话，这些数据就很难作为连续的数据来使用，因此必须制定全社会通用的项目和标准。

欧美对与职业相关能力的定义

美国的O-NET的职业数据库，欧盟的ESCO的技能数据库定义了与每种职业相关联的能力。在日本，也需要发挥培养并认证这种能力的作用，日本的厚生劳动省①正在完善的

① 厚生劳动省：日本中央省厅之一，相当于他国福利部、卫生部及劳动部的综合体，主要负责日本负责医疗卫生和社会保障，是由卫生和福利厚生省和劳动省合并而来，办公地址在东京都千代田区霞关2丁目。——译者注

日本版O-NET必须在实际工作中得到落实和发展。为此，即使由政府主导，例如人才派遣公司也将具有承担这一功能的潜力，大学也可以通过职业培训来实现差异化。如果你能把它看作一个机会，那么社会就会转变。

人力资源技术

本书论述了随着长期以来作为日本雇佣惯例沿用下来的终身雇佣制和年功序列制已经无法维持。因为就业流动性不断增加，能力的自我培养和管理将变得越来越重要。今后，拥有怎样的学历、资历，具备怎样的能力优势，以及掌握了怎样的能力等信息将会作为数据来进行处理。

从招聘公司的角度来看，比起只从事固定的业务，今后项目类型将会更加多样化，根据讨论的主题来选择员工将变得理所当然，在这一过程中，通过数据对员工进行判断的机会将比之前大大增加。利用数据和技术解决人事问题的“人力资源技术”可能成为数字时代思考人们工作方式的一个非常重要的概念。

通过人事流程详述人力资源技术

这里使用图3-3来具体说明人力资源技术。从“招聘人才”到“离职管理”的一系列过程被称为“就业之旅”，即员工进入企业之后作为成员成为企业或团队管理的对象，接受培训，接受绩效与敬业度的管理，调整周期直到离职为止，其中的每个流程都已经提出了解决方案。而且，这些不是针对某一特定环节而设计的既有的解决方案。包括调查、分析员工对企业的反馈和心理状态，其中也包括精简人事的相关操作（人力资源数据管理、工资计算、考勤管理等）。

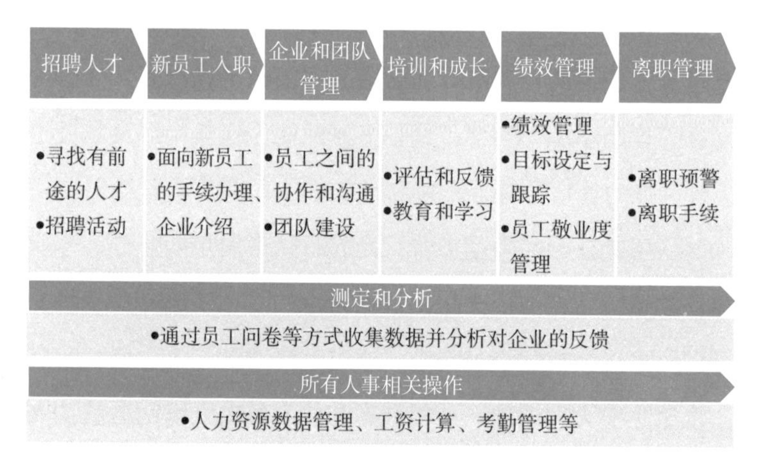

图 3-3　人力资源技术

人力资源技术

1. 招聘人才

现在，“招聘人才”也出现了许多人力资源技术解决方案，包括精简招聘流程的平台、匹配使用机器学习的候选人、通过与现有员工的联系寻找候选人的系统等。这一过程中的课题意识包括减少招聘过程所需的时间，以及招聘能够在本公司发挥更好表现的人才，前者可以从聊天机器人的灵活利用，后者可以从匹配技术高度化的角度来期待人工智能发挥作用。

2. 企业和团队管理

“企业和团队管理”目前虽然也出现了将员工与公司内部的企业、团队进行匹配的解决方案，但是如何高效率、高精度地开展“人尽其才”就成为需要解决的课题。今后，人工智能将对企业和团队的目标意识、员工的个人简介（包括文化背景、经历、性格、目标、技能组合、工作方式等）以及企业和团队的工作内容等多种观点进行识别，从而提供更加高度化的匹配和建议。

3. 培训和成长

“培训和成长”在员工教育当中也出现了采用自适应学习（adaptive learning）和游戏化（gamification）的例子，因此实现个性化的学习过程成为课题。可以认为，未来人工智能将实现更加精确的个性化，不仅包括学习过程中的绩效信息，还包括员工的性格、技能组合、能力和动机等与学习相关的多种因素。

4. 绩效管理

“绩效管理”是近年来备受重视的一个流程，出现了包括积极向员工提供来自上司和成员的反馈的工具，以及管理员工和企业之间的良好关系以提高绩效的敬业度管理工具等。随着工作方式的多样化，企业与员工的关系正在发生变化，在这种背景下，如何使员工与企业的关系始终保持积极的状态，如何实现绩效的最大化就成了必须解决的课题。未来，随着搭载人工智能的管理支持工具的出现，可以对员工的性格以及动机的类型、工作方式的策略等进行综合分析，从而可能实现生产力与敬业度的最优化。

人力资源技术的现在和未来

人力资源技术的目的是实现人事业务的效率化和人才利用的最优化，特别是对于后者，面向每个员工有针对性的管理工作的重要性正在增加。在这一过程中，人工智能的灵活运用将越来越受重视，例如综合考虑和分析员工的简介等多种要素，从而得出最佳解决方案（图3–4）。

为了推动人力资源技术的发展，首先要从“与人力资源相关的数据的系统化收集和管理”开始着手，将人力资源业务的各种场景通过数据进行分析，从而促使人力资源技术发挥更大的效果。

	课题意识	当前趋势	未来蓝图
招聘人才	•招聘活动的工时缩减及高效运用 •招聘与公司使命、员工愿景和经历相匹配的人才	•出现了提高招聘流程效率的平台，通过机器学习进行自动匹配 •出现了通过与现有员工的联系和寻找候选人的系统等	•通过聊天机器人和自动匹配实现自动化和最优化的二者兼顾
新员工入职	•欧美企业重视刚进公司后的入职管理(Onboarding)	•有一个简单易用的解决方案，可以一次性完成入职的流程管理、备件订购和指导内容的创建和管理	•根据新入职员工的简历和所属团队的特点制定个性化的入职管理过程
企业和团队管理	•针对自己公司的使命以及事业上的目标实现最佳的企业设计和团队构成	•存在根据员工的技能、期望职位、未来职业道路等匹配最佳调动职位的解决方案	•从人力资源的角度来组建团队或推荐管理方针，以达成公司和组织的使命
培训和成长	•提出个性化学习方法 •让最有效的学习过程得以实现	•出现了“自适应学习”，对学习者进行心理画像分析，以个性化的方式分析学习者所擅长的与不擅长的，并推荐最佳学习内容	•综合考虑员工的性格、技能组合、动机等所有观点，在此基础上提出个性化的学习过程
绩效管理	•提高员工的生产性 •提高员工的敬业度 •员工福利的最大化	•有一种目的提高绩效的敬业度管理工具，包括给员工的反馈及指导、成员之间的认可等 •还出现了综合提供员工福利的平台	•通过员工性格和动机管理等实现生产力最大化、敬业度最大化
离职管理	•从组织上提升缺乏人才时的手续的效率 •对企业的不利影响最小化 •降低离职率的分析并提出对策	•存在可以实施一系列操作的解决方案，例如顺利准备离职员工的手续和文件，取消与相关部门联系或访问的权限，降低离职率的原因分析等	•加快分析可以降低离职率政策制定的周期

图 3-4　人力资源技术的课题意识、当前趋势及未来蓝图

灵活运用人力资源技术的要点

图3-5显示了员工从入职到离职的生活周期和数据的应用要点。例如，灵活运用招聘时的信息将有利于优化入职程序以及针对每个员工制订个性化的教育计划。灵活运用绩效管理方面的信息有可能在招聘活动中发挥作用，比如优先录用具有高绩效特征的人。在企业或团队管理方面，如果员工简介的数据充实的话，应该能够更恰当地进行人员配置。另外，如果能及早发现敬业度低下的员工，就有可能降低离职风险。

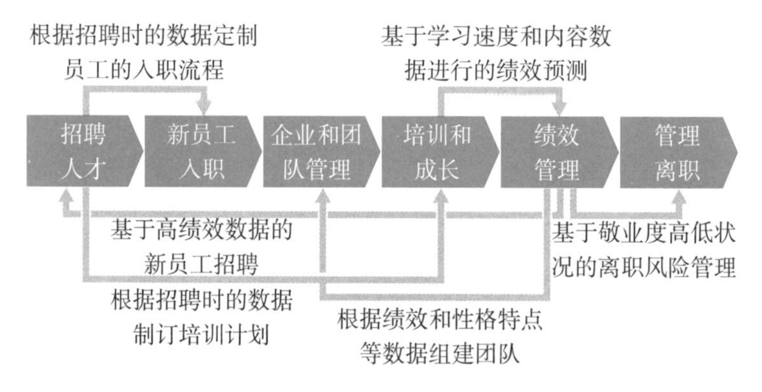

图3-5　从入职到离职的生活周期与数据应用要点

为了实现上述情况，首先要做的就是对公司的目标进行“语言化和数字化”。以有效的方式对数据进行定义系统化是必不可少的，为此首先要了解公司具有哪些职务，应该如何对这些职责的履行与工作方式进行评估，以及公司朝着什么方向发展，如果不把这些事项进行“语言化和数字化”，就很难将它们作为数据系统地整理。正如美国企业通过“职位描述”来表现工作那样，数据完善的第一步就是以任何人都能理解的方式描述每一个按照默认规则运作的企业活动。

实现跨企业的人才匹配与个性化

作为数据维护的对象，有关人力资源业务的信息涉及方方面面。单单是与员工有关的信息就可以列举出他们的来历、拥有的技能或证书、兴趣爱好、动机指向、职业方向、性格、文化背景等各种个人信息，工作态度以及绩效评估、学习情况等有关工作表现的信息，还有对公司的敬业度和心理状态等心理方面的信息。另一方面，关于企业的信息包括：存在于公司内部的系统化的职责体系、重点关注的经营指标与员工反馈和评价之间的关系、职业路径与技能组合的匹配等，这些信息只有经过整理和系统化，才能进行数据输入。

我们有理由相信，如果此类数据不断完善并在整个社会中得到充分发展和应用的话，那么在企业之间进行数据标准化的可能性也会增加，未来可能会在公司之间进行上述匹配和个性化。

对于与工作方式密切相关的人力资源业务本身，也通过人力资源技术的形式出现了一波改革浪潮。人工智能不仅可以改变工作方式的内容，还可以进入管理工作的机制本身，从两个方面进行最优化。人工智能不应仅仅被当成一种自动化工具，而应被视为在业务执行以及管理等各个方面使企业运营本身发生改变的事物。

专栏　如何成为中层管理者

作者等人曾邀请各类先进企业的人事负责人就面向人类与人工智能共存的未来的课题和解决方案举行了4次研讨会，这些先进企业普遍拥有多样化人才。当时，4次研讨会共同提出的一个课题就是："企业如何确保拥有优秀的中层管理者？"

依据专业性进行定岗的课题

传统上，企业大多招聘具有基本的修养和知识的多面手担任综合职位，这一类人才被称为"八面玲珑的人"。因为这是一条通过资历来晋升职位的职业道路，所以应届毕业生的综合职位都是从初出茅庐的普通员工开始的。由于综合职位的员工在一定程度上包含了具备中层管理职位能力，因此可以说，在晋升职位的过程中企业挑选了适合担任管理层的人才。换句话说，管理业务人才不是通过在岗培训培养出来的，而是通过个人素质和概率来挑选出的必要的中层管理人员。

相比之下，现如今，劳动者逐渐成长为自身擅长领域的专家和经理，劳动者的职位将取决于其专业水平。特别是专家将从一个符合其所拥有的能力水平的职位开始职业生涯。

因此，如果你在劳动力市场拥有稀缺能力的话，就算是应届毕业生没有相关经验，都有可能获得充分的裁量权和高薪待遇。

然而，尽管通过猎头就能招到高能力的即用型人才，却很难在应届毕业生中找到具备管理能力的人才，即使是在人才市场，管理型人才也绝不会多到可以任君挑选。因此，如何提高公司内部人才的管理能力让其成为中层管理者就成为一个课题。

难以成为中层管理者的理由

这样写可能会让读者觉得，通过提高核心功能性技能，就可以让员工成长为中层管理者。事实上，传统的现场工作（即所谓的流水线）就是如此。然而，对于承担任务的工作人员来说，执行程序是明确的，但对于承担角色的专家和管理人员来说程序和目标不再明确，因此单一的功能性技能不足以应对更高的职位。

这样一来，操作性技能的重要性大大增加，而且考验胜任能力的场景也多了起来，比如通过激励自己达成一个并不明确的业务目标。也就是说，作为一名员工，就算积累了丰富的功能性技能经验，也不意味着他们就会自然而然地掌握专家和管理者所需的操作性技能和胜任能力。这就是难以成为中层管理者的原因所在。

基本上要通过脱产培训来掌握管理能力

尽管如此，实际上如何才能真正掌握管理能力呢？专家以工作人员身份参加的项目团队中，很多情况下，专业领域能力相同的成员除了他们自己没有其他人。更何况，以管理为角色的项目成员通常在一个团队中只有一名。如果是作为工作人员的话，就可以从负责管理的前辈的实际工作中进行学习；但是如果需要自己亲自实践的话，也就是作为一名中层管理人员时，就不再有机会向别人学习自己所面临的具体课题。因此，可以认为管理能力不是通过在岗培训，而是通过脱产培训来习得的。

功能性技能的脱产培训是通过操作手册和讲座学习来掌握，然后通过脱产培训来巩固。相比之下，操作性技能的脱产培训，由于设想的情形多种多样，而且适当的方法论因个人特点而不同，因此很难通过标准化或讲座学习来掌握。既然每个学习者所需要的输入方式不同，那么主要应该通过经验的积累来达到熟练运用。

以研讨会的形式进行演练

因此，建议学习者在初级阶段可以从吸收他人的经验开始，换句话说，就是从模仿同一领域的专家前辈的经验开始。学习者可以考虑利用收录了案例分析的教材，或者邀请与自身角色或个人特质相似的前辈担任指导。更进一步，到了应用层面的话，则需要掌握一系列符合自身方法论的能力。于是，以研讨会的形式练习应对各种场景，从与会者那里获得反馈并建立自己独特的风格是行之有效的方式。与以项目负责人的实际工作进行实践相比，这样做的好处在于可以不用担心风险，尝试广泛的选择。

当然了，只靠研讨会的形式是不够的，通过研讨会来提高经验值的关键在于主办方所做的准备，比如准备了多少精心设计的案例，以及能够获得多少有效的反馈。最近几年，作者参加的海外会议，演讲者在讲台上发言的形式逐渐减少，更多的是采用了少数人分桌讨论的研讨会形式。总而言之，发现并参加内容充实的研讨会是一个人掌握管理相关能力的好机会。

对于胜任能力而言，陪跑者很重要

胜任能力是一种具有强烈属人性质的能力。即使是综合岗位，入职的动机和工作意义也呈现出多样化。同样地，作为起点的初级水平的工作能力依赖于个人所具备的天资。除了那些非常喜欢挑战改变自我的人之外，单凭自己来控制这种能力是很难做到的。因此，导师和教练这样以陪跑者身份存在的人就显得尤为重要，他们会根据每个人的天性来支持其能力发展。

这样一来，为了提高符合中层管理者的管理能力，可以采取的有效措施包括：搭建一个可以提高操作性技能的实践平台，以及拥有一位可以根据自己的天性来提高胜任能力的导师。近年来，各个大学的商学院迅速扩大面向经理（管理层水平）的课程，这一现象表明市场对开发这种管理能力有大量的需求。人们强烈希望这种能力开发平台也能深入中层管理人员中间。

第四章

业务将随着人工智能而不断变化

前三章作者关注的都是工作中的“个人”。通过回顾和总结可以发现，整个社会正在进行的第四次工业革命，不仅利用人工智能等数字技术正在改变着工作的形态，同时还进一步让人类所应具备的能力也发生着改变。

本章将分析“个人”的变化如何与“企业”这一组织的变化联系起来。如果你是从“个人”的角度来阅读本章的内容，这将帮助读者了解什么样的企业能使你为提高技能而付出的努力发挥到极致。如果读者从“企业”的角度来阅读，读者就可以找到符合该企业特征的变革手段。例如，如果企业内的业务层面发生了一些变化，读者就可以根据企业结构推测出应该采取什么样的应对措施，反之也能清楚地知道什么样的措施是无法应对这些变化的。

非连续性变革不可或缺

多年来，作者一直主张“如果想要与人工智能共存，就要改变业务的形态”。然而，作者却受到了一些来自感觉与数字化距离很遥远的行业和相关业务人员的怀疑，如“如果现有业务已经非常成熟，企业不一定需要改变业务的形态”“在制造和运营领域，创新并不是唯一重要的东西”“大公司不能像风险投资公司那样灵活地变换业务”。其中，那些有着悠久历史和良好业绩的大公司的高层，他们往往对自己配合一线人员反馈的经验从而发展起来的公司业务和自身的职业生涯都表现出高度的自豪感。此外，目前存在的业务是公司盈利的支柱，而为数字时代建立的新业务往往规模很小，无法与现有业务相提并论。

为此，现有部门对数字化转型的消极态度会传到那些承担变革重任的人一边，甚至还出现类似“业务变革毫无进展”的声音。然而，无论业务的性质如何，随着业务负责人发生从“只有人”到“人与人工智能展开协作”的非连续性变化，我们可以看到企业现有的持续“改善”是不够的，非连续性变革也是不可或缺的。

考虑到部分企业存在“业务变革毫无进展”的消极声音，先来介绍一下德国领先的制造公司S社的做法。该公司有一种自称为“以流程为导向”的企业文化，并不看好“改变业务形态”的做法。然而，改革负责人通过人力资源部门与其他人建立情感联系以增加赞成改革的人数，而且管理层坚定的态度使他们能够对反对派采取强硬手段来推动数字化转型。

德国制造业公司：S社

德国公司S社是一家制造业巨头，业务涉及汽车零部件、能源、医疗保健和信息通信等多个领域，在工业4.0等先进举措方面被誉为“全球领跑者”。该公司的产业平台也引起了人们的关注，他们正在与一组合作伙伴共同开发制造平台的相关业务。

“信任”是数字时代领导力的基本价值观

S社是一家在数字化转型中处于领先地位的公司。作为一家历史悠久的大型制造企业，该公司迄今为止仍凭借一套等级分明的组织和严格的指挥系统来运作。S社表示，传统领导力的基本价值观是“控制”，再配以“组织”“等级”“流程”“执行”等诸多要素来共同发挥作用。如今，由于该企业仍在继续制造产品，这种传统价值观依然存在，以流程为导向的管理模式作为企业基础也会继续存在下去。

与此同时，S社深知数字化转型的必要性，并采取了一系列措施来推动变革。有人提出建议，数字时代的领导能力应该是以“信任”作为基本的价值观，再配以“人际关系网”“开放”“灵活”“参与”等要素来共同发挥作用。

在人力资源部门的改革中，六成员工被解雇

该公司实施的举措之一是由人力资源部门的120名高层管理人员（人力资源全球领导力团队）负责并推动数字化转型。与日本企业相比，欧美企业人力资源部门承担的责任更大，掌管着数字时代下员工的通盘管理业务，包括明确所需人才的定义、招聘方法及绩效考核评价等。因此，人力资源

部门在很大程度上会影响到变革的成败本身。

人力资源部门的改革从改变传统制造业的价值观开始。和日本一样，德国的老一代对变革缺乏兴趣，所以人力资源全球领导力团队的领导人需要在团队中营造一种危机感，让成员理解数字化转型是出于真正迫切的需求。为此，他们举办了一个研讨会，反复讨论由平面设计师创建的五个“理想的人力资源团队成员形象”，并鼓励每个人制定自己的愿景，在一个即使是以流程为导向的制造公司中也能建立起“情感连接”，以此推动改革。

改革时与保守派发生冲突是很常见的，S社也不例外。企业已经做出了一个大胆又痛苦的决定——解雇和替换团队中六成的员工。即使他们现有的工作方式没有任何问题，即使他们当时身处高级别的人力管理职位，即使他们受到其他员工的青睐，不能适应数字化转型的员工都会被免职。S社之所以能够做出如此大胆的决策，是因为人力资源团队的领导人（哪怕不是所有人）都能够在管理层的切实庇护下开展工作。

业务部门的数字化改革，关键在于“情感连接”

继人力资源部门之后，S社的另一个业务部门也实施了数字化改革。首先，他们不看员工所处的职位，只从世界各地的分公司中挑选出300名能对周围员工产生较大影响的人才。然后，这些国籍和职位各不相同的人才被分成10个小组，每组30人，聚在一起讨论面向数字化转型的改革思路。这些由蓝领和高级管理人员混在一起的团队讨论出的措施“雏形”不会突然改变整个公司，但能渐渐改变他们周围的环境。现在，该公司的4万名员工中，约有1.8万名员工参与了某个数字化转型“雏形”的制作。

然而，S社在推动这些措施的过程中，并非一切都进展顺利，也没有什么通用的方法可以遵循。虽然该公司改革的每一项举措都是在量身定制的基础上进行的，但其中也存在某些共通的难点。

一是领导者或领导团队本身对改革持有同样的看法，并与相关人员分享自己关于改革的愿景（体现出绝对的诚意，必要时更换掉那些不认同团队价值观的人）。在这种情况下，哪怕是在以过程为导向的S社也有必要经历一个过程，这个过程不仅可以建立逻辑上的理解，还可以建立“情感上的联系”。即便有时候领导者或领导团队的动作会暴露自己的失败和挫折，也要以开放的心态对待他人，而不是用强权来迫使相关人员服从。阻碍改革的一个主要因素是对工作怀有墨守成规的心态，因此改变这种心态变得非常重要。

二是管理层的承诺和担当——这在推动如此大胆的改革时是必不可少的。尽管并不是要管理层的所有人都展示出来，但只有管理层给予改革领导人庇护和强有力的指导，才能保证改革之路的正当性。

业务的内容和工作方式日新月异的时代

在传统的日本企业中很难实现像S社这样激烈的变革。然而，许多日本企业所采用的“会员型”企业正逐渐转型为“人与人工智能共存型”企业。从本书的角度来看，这种转变也可以概括为从“综合职位型人才”到“‘岗位型’和‘角色型’人才组合”的转变，或者说成从“非自主型企业”到“自主型企业”的转变。

因此，在下文中，作者将人才的变化和企业自主型的变化进行了对比，并以此向读者说明日本企业即将经历的变革是两个因素的结合，即“个人层面上发挥能力的方式”和“组织层面上的工作内容”的变化。

“会员型”企业所需的能力与工作方式

首先，让我们来回想一下典型的日本企业是什么样子的。日本企业首先会以工作到退休为止的终身雇佣为前提，聘用应届毕业生来公司负责综合职务的岗位，再通过定期轮岗让员工从公司内部的各个部门中获得经验。如果被录用为综合岗的新员工是“什么工作都愿意做”的态度，那么这家公司就是一个“会员型”企业。这类企业中的人才会严格遵守其所属组织的指示，属于“上司说什么我就做什么”的类型。

综合职位上员工的能力无法明确

也就是说，这类岗位上的工作内容和个人能力不存在联系。在这种背景下，作为企业的一员，当他们以“综合岗”的身份开展各种工作时，人们更期待他们能随机应变，而不是从一开始就详细规划了工作的各项内容。如上所述，既然综合岗位没有明确的工作内容，那么也就无法明确该岗位上的员工应具备什么样的能力。这就是“会员型”企业中综合职位的特点。

同样，管理人员也没有将每个人的工作内容按层级进行责任分解。晋升为管理人员的人才不一定在人力资源管理能力方面表现出色，往往是由于在一线工作中取得的成绩得到了肯定而被提拔的。对人力资源管理一窍不通的管理人员也只能通过一线工作的表现来评估下属绩效的好坏，因此下一个管理职位的候选人也不是从人力资源管理的角度来选择的。这一循环的结果就导致公司产生了“年功序列制”。

此外，在“综合岗”员工的培养和发展方面，一旦这类员工熟练掌握了某项工作后，他们就会被调到一个完全不同的工作岗位上，这就是所谓的“轮岗制度”。当然，“轮岗制度”也有好的一面。例如，这可以成为员工与各部门人员建立联系的契机，让他们能从中学会如何灵活地融入其他任何一个部门中并协调好工作，或者培养能够从企业这一组织的角度有效调动下属的管理人员的能力。但是相反地，员工个人将很难持续提升自身的专业能力。

重视所属组织利益的工作方式

接下来，我们来看一下“会员型”企业的工作方式。在该类企业中，就像综合岗位上的员工一样，组织无法明确每个人的工作内容。这意味着团队所做工作的责任是由所有团队成员共同承担的，而不是具体由哪个人承担。如此一来，在“会员型”企业中每个成员的自主性就会受到限制，取而代之的是对企业利益和等级制度的服从。

此外，由于综合职位上的人才需要定期轮岗，因此企业除了需要他们在短时间内掌握新部门的专业知识外，同时还让他们在组织内外的筹划、协调和逻辑表达等方面能够发挥自己的能力，比如知道在审批过程中应该让谁参与进来、知道如何做出高效的报告以获得上级的批准等。

与人工智能共存型企业的工作方式

在许多情况下，“会员型”企业对上文中所提到的人才能力和工作方式往往没有做出明文规定，但员工都默认了这些规则。这听起来似乎也很正常，有能力胜任上述工作的人通常都会获得周围的认可，并得到晋升的机会。然而，日本企业中的这种“会员型”企业正在慢慢崩溃，数字化的浪潮也在加速这一转变。

重新设计数字化和人工智能环境下的业务

早在数字化到来前，由于企业通过非正规雇佣的方式来扩大招聘规模，导致那些人们默认的在工作岗位描述方面模糊不清的聘用方式和工作方法难以维持下去。近年来，日本大公司又以非正式雇员的形式扩大了对派遣员工的录用，目的在于以低廉的成本为某些限定的工作筹备人才。而且，以后远程和虚拟的工作方式会变成常态化，为了确保每个人的工作都顺利进行，企业有必要明确员工的工作范围和规章制度。

与此同时，这意味着企业需要根据自己的企业文化和运作方式，明确员工和人工智能所能承担的工作范围。在数字化的过程中，人工智能已经开始负责处理日常业务，企业迫切地需要明确以人工智能的能力可以完成的业务范围，以及员工应该负责的业务范围。此外，对于员工负责的业务而言，数字时代下的工作方式与传统的工作方式相比有了很大的改变，企业必须重新设计符合当下情况的工作内容。

可以说，这股转换的潮流已经开始了。它首先从被雇佣的员工被当成企业这一组织的一员，并被灵活分配到各个岗位的组织形态开始，转为雇佣专门人员来执行职位描述中规定的任务，并给他们机会展示其高水平的专业能力的以“人与人工智能共存型”组织形态为前提的雇佣方式和工作方式。也就是说，日本企业的员工在今后不得不学习新的能力，改变自身的工作模式。

人与人工智能共存型企业的招聘标准

在“人与人工智能共存型”企业中，企业招聘的标准在于应聘者是否具备完成职位描述中规定职责的能力。企业对应聘者能力的要求取决于他们的雇佣类型是“岗位型人才”还是“角色型人才”。

“岗位型人才”要在特定的专业领域中完成任务级别的工作，而“角色型人才”不仅需要完成任务，还需要在具备该领域专业知识的基础上肩负起一线业务管理的使命和责任。在招聘时，企业看重的是人才是否已经为掌握职位描述中提到的能力而付出努力、是否积累了一定的经验，而不太看重他们在入职后的成长潜力。

随着公司业务的数字化，企业引进非正规雇佣人才和专业人才的步伐正在加快。企业在推进数字化进程中，更需要人才不断完善自我，不仅具备承担任务的“岗位”能力，还要在顺利执行业务的基础上，拥有灵活处理问题的“角色”能力。

经理只需一心管理企业

在“人与人工智能共存型”企业中的每个人都被期望作为一个自主的人员，来执行工作描述中规定的任务。在这一类企业中基本没有分工不明确的工作，一定会有人为某项工作负责。哪怕是在团队工作的情况下，即使每个人都是专家，也会有明确的责任分工“我负责这项任务，希望你来负责另一项”。而在“会员型”企业里普遍存在的类似“队员兼教练”的角色，在“人与人工智能共存型”企业中并不存在。经理只被要求进行管理企业和照顾下属，而不是作为“队员”来参与一线业务而提高绩效。

专栏　人工智能能够撬动整个组织吗？

本书始终认为，人工智能时代的数字化不仅仅是业务上的数字化，而且意味着“对组织结构和个人能力进行改革”。在本专栏中，作者将重点讨论“仅实现业务数字化”的部分。

数字化转型1.0和数字化转型2.0

在过去几年中，越来越多的公司开始通过引入机器人流程自动化来实现业务自动化。机器人流程自动化与人类操作不同，它不会犯错，既提高了质量，又能快速、不间断地进行重复作业，缩短了生产所需时间。但是，企业在采用机器人流程自动化时，不会对工作进行重新审视，只是将人们过去执行的工作原封不动地自动化。也就是说，尽管机器人流程自动化将一部分的业务进行了数字化，但所获得的输出仍然与过去相同。这种以企业为单位的产出和围绕该企业目标设定的关键绩效指标等都处于同一水平的数字化被称为“数字化转型1.0”。

“数字化转型2.0”要改进现有的任务，以便更好地利用人工智能来实现数字化，从而提高企业获得的产出和关键绩效指标。以财产保险公司为例来说明这一点。在过去，当交通事故发生时，保险公司的负责人需要花费数周时间和劳务费来确定事故的情况并联系修理厂。随着人工智能系统的导入，保险公司减少了所耗费的时间，也降低了成本。只要发生交通事故的司机将事故现场的照片发送给保险公司的负责人，后者就可以立刻掌握事故的情况并联系维修人员，司机也可以迅速将车辆送去维修。这样的话，保险公司既可以减少劳务费的成本，又可以提高客户满意度，使得公司的产出和关键绩效指标都有所提升。

数字化转型2.0实现的杠杆效应

如此一来，企业可以在引入人工智能时重新设计任务，以提高企业的生产力、效率、销售额、客户满意度和员工满意度等关键绩效指标——这也被称为“人工智能的杠杆作用”。杠杆是一个经济术语，意思是杠杆的效应或作用，而数字化转型2.0的标志是人工智能在企业中创造杠杆。一些读者可能会想起在第二章中提到的“扩充”这个概念。这就意味着人工智能可以“扩充”个人能力，使个人更有能力完成比以前更复杂的任务。杠杆作用带来的是企业组织结构的变化，由人工智能来承担的任务发生了改变，从而提高了企业的绩效。

为了获得显著的杠杆效应，我们需要摆脱“人工智能只会将业务自动化，它们将逐渐取代人类的工作”的陈旧观念。熟练使用人工智能意味着我们会创造适合数字环境的新任务，并提供以前无法实现的产出。这就是本书坚持认为

“一线员工需要创造力”的原因之一。“什么是适合数字时代的产出？”“我们能否利用人工智能的现有能力来设计任务以获得相应的产出？”这些问题都需要一线人员和业务设计人员的创造力。

人工智能的应用越广泛，杠杆效应的范围就越大

随着人工智能在企业中应用的范围从构成工作的“任务单位”扩大到各部门开展业务的“部门单位”，再扩大到“整个企业”，企业所获得的杠杆效应范围将会扩大。例如，作为部门间的共享平台，人事部门可以通过人力资源平台来审视和重组其工作流程，以降低成本和提高效率。通过有效利用人工智能平台来对部门整体进行自动化分析、识别和预测，相关人员就可以根据人工智能得到的结果做出决策或考虑下一步行动。最终会对企业产生杠杆效应，并提高关键绩效指标。

如果我们能进一步利用人工智能建立跨部门的联系，就能最大化地发挥它的杠杆作用。在这个阶段，人力资源、会计、工程管理等多个人工智能应用平台将会联动起来以供企业上下灵活地使用。一旦人工智能掌握了人类负责的全部业务，那么企业的关键绩效指标也会再次得到增长。不过，目前还没有这样的人工智能平台。这会是一个漫长而艰巨的过程，我们要从机器人流程自动化开始，通过一步一步地积累才能实现。最终能否做到这一点，要取决于各个企业。

建议将工作方式分为4个场景

在人工智能与人类共存的时代，日本企业传统的“会员型”组织模式下人与工作之间的关系将不得不发生变革。这种改变体现在人们如何在所属企业中发挥自己的能力，以及人们如何开展工作等方面。“会员型”企业里的综合岗位人员已经能够显示出通才的能力，并以非自主、连带责任的方式推进工作。然而，由于企业需要明确员工负责的工作范围和人工智能负责的工作范围，自主执行工作的权重正在逐渐增加。

话虽如此，但这些变化并不是千篇一律的。因此，作者将工作方式划分成4种场景，并针对每一种情况，分别说明人工智能等形式的自动化将带来什么样的影响、业务将如何变化以及企业需要什么样的人才。工业革命伴随着劳动力的迁移，关键问题在于如何使劳动力从需求减少的领域顺利转移到需求增长的领域。笔者会就这4种场景中的各项工作给出建议。

那么，在“会员型”企业和“人与人工智能共存型”企业中，员工如何与人工智能分担工作呢？基本上，人们会根据自身的技能和人工智能的机能来划分业务类型（责任型、使命型、任务型）和职责（角色型、岗位型）。在未来，人工智能的功能将逐渐增加，数字服务所承担的业务范围也将相应扩大。换句话说，劳动分工的界限不断变化，人类的工作内容也在不断变化。随着人类与人工智能重新审视各自的工作和职责，我们在企业中又可以设想出怎样的职责分工形式呢？这取决于人们目前的工作方式。所以作者将其分成4种场景，以便于读者理解。

场景1：企业内部的非自主型人才

场景1是在组织内部工作的多数员工为非自主型人员的情况，他们执行工作的过程是固定的或者是在相应的操作手册下进行的。目前这些工作由于成本过高或没有匹配的技术等原因需要由人来完成，但今后很有可能会因为人工智能和机器人的普及和价格走低而被替代。然而，人类将继续发挥作用。例如，为了熟练使用人工智能，确保其正常运作而开展的业务，分析人工智能结果的业务，需要创造性思维的策划类业务等。

场景2：企业内部自主型与非自主型人才共存

场景2是指企业中非自主型人才与自主型人才共存的情况。许多企业都采用了这种做法。同一企业中的某个团队包括经理、专家这样负责“角色型”工作的领导者和“岗位型”的一线员工。领导者确定问题，提出解决方案，制订计划并推动执行。而企业员工的任务是在领导者的领导下，完成那些追求效率的、被明确定义为岗位“作业”的工作。这一场景的现实挑战在于“岗位型”员工占大多数，企业缺乏能承担“角色型”工作的领导型人才。因此，管理层面临如何利用人工智能或机器人带来的高效率来提升企业绩效的考验。

场景3：企业内部的自主型人才

场景3是针对在企业内部工作的多数员工为自主型人才的情况，由于企业的目标和工作内容不是固定的，需要他们灵活处理。过去，这类人才往往受制于“以不违背所属部门利益的方式推进业务”的工作理念。但在未来，项目团队将作为这类组织的一个常设单位来运作，自主型人才工作的目标变成了追求项目团队的目标。每个人都将能够自主地展开工作，他们会根据自己的能力参与到项目团队中，而不是因为职务调动而被偶然分配进来。虽然自主、分散式的运行模式对大型企业来说存在一些难点，但是可以畅想一下在人工智能的支持下实现该目标的情景。

场景4：企业外部的非自主型人才

场景4是指越来越多的白领受到自动化的影响，而被迫离开组织的事实情况——他们就是游离于企业之外从事非自主性工作的个人。例如，“临时工”“幽灵工作者”和“必要工作者”等。这些工作者都面临着结构性问题，难以提高自己的能力来扩大收入。如果这种情况持续下去，可能会导致严重的社会不公平。

场景1：企业内部的非自主型人才

场景1是指企业内部的非自主型人才。企业为这类人才开展工作制定了一套固定的流程，并为他们准备了适用各种情况的操作手册。这一类工作不是由员工自己主动做出决策或进行创造性思考来完成的。

场景1的工作将被人工智能带来的自动化所取代

举个例子，以“直线型”制度为基础的工厂的流水线的工作，以及确保基础设施稳定运转的工作等都符合场景1的定义。在人工智能时代，创造性的工作变得越来越重要，但并非所有的工作都能转变为自动化业务。在某些领域，企业最重要的目标仍是维持稳定运行。

然而，现在的情况是，这些类型的工作也没有一如既往地由人来负责。人工智能时代留给人们的三项技能是创造性思维、社交能力和应对非典型场景，尽管非自主性的工作迟早都会或多或少通过人工智能实现自动化，但仍有许多非自主性的工作不适用于任何一种技能。目前，越来越多的公司正在积极引进被称为“工厂自动化”的解决方案。

以工厂为例的业务场景

工厂的大部分员工完成业务都是非自主型的，就让我们以工厂为例来想象一下工作场景（图4-1）。首先，生产线上的所有操作中，可以通过机器进行判断和操作的工作随时都能实现自动化。例如，移动制成品的位置、清除杂质混合物等工作，都是通过人工智能图像识别和机器人的结合来实现自动化的。今后，一直以来由人类操作的机械加工领域也将变得越来越自动化。

此外，管理生产线的工作也会实现自动化。例如，人工智能监测系统可以取代那些了解进展情况和失误、故障情况，以确定是否需要由主管人员进行处理的工作。同样，人工智能的可视化平台也可用于汇总工作报告，而检查工作文件、账单以及机械性的审批工作将由基于一定规则的人工智能系统取而代之。

到目前为止，上司为了收集信息和做出判断，必须与下属进行密切合作，以便了解工作内容，这样就往往导致彼此所承担的部分工作发生重叠。此外，一个人所能处理的工作范围在时间和信息量上是有限的，所以需要由多个管理人员一起分担。但是，如果由人工智能承担监测工作，就能减少工作的重复，管理者也能够承担更广泛的职责。而且，人在制作文件、进行计算时都有可能出错，所以需要他人来检

<table>
<tr><th></th><th>产品开发</th><th>生产</th><th>销售和服务</th></tr>
<tr><td></td><td>研究与开发 / 策划和营销 / 设计开发试验</td><td>生产规划管理 / 采购 / 加工和组装 / 品质管理 / 设备及人员管理</td><td>广告宣传 / 物流 / 销售 / 维护支持售后服务</td></tr>
<tr><td>支持人</td><td rowspan="2">•自动收集策划所需的数据（如专利信息等）
•人工智能完成的产品设计（生成式设计）
※“支持”还是“取代”取决于任务设计</td><td>•人工智能给出发生故障时的预警及处理方法
•人工智能通过收集资深员工的知识见解，来帮助新员工做出判断和完成任务
•通过机床的智能化为工作提供帮助</td><td rowspan="2">•通过聊天机器人提供客户支持
•自动生成广告内容和标语
•自动化营销（如给目标客户发短信、邮件等广告内容）
※“支持”还是“取代”取决于任务设计</td></tr>
<tr><td>取代人</td><td>•利用视频和传感器监测生产线状况
•通过工作机器人进行组装、加工、喷涂和运输
•让人工智能学习工匠的技术并培训新员工</td></tr>
<tr><td>发挥超越人的能力</td><td>•人工智能完成的产品设计（生成式设计）中新产品的开发</td><td>•通过图像分析进行超越人眼的质检
•利用机器人实现高速、高精度的加工和运输
•通过分析人们无法识别的因果关系进行预兆感测
•结合市场数据、库存数据、生产数据等来实现最佳生产</td><td>•开发一种能够提供智能的、具有更高客户满意度的聊天机器人
•根据人工智能的算法优化销售价格</td></tr>
</table>

图 4-1　工厂中人与人工智能的角色分工（例）

查，但如果用人工智能来代替的话就没这个必要。因此，人工智能的导入会改变一些必要的工作方式，从而出现所需管理者人数、管理层级减少的效果。企业结构很有可能变得比现在还要简单。

为了让人工智能可以顺利地工作，我们需要提供必要的信息，确保信息的准确性，并合理地制定人工智能分析路径。例如，如果人工智能给出的分析结果显示数据的相关关系，那我们就有必要确定这是业务因果关系，或者仅仅是一种不相关关系。此外，对于非典型性的突发问题或未知现象，也需要去解决。为了提高生产线上工作人员的技能水平，可以举办技能培训、设计激励员工等方法，不断改进生产方法等举措也将作为现有的工作继续进行下去。即使这些工作是非自主型的，管理人员也需要执行这些只有“人”可以完成的任务。

策划和设计部门向自主型企业转型

此外，在与工厂相关的部门中，负责生产规划和工厂整体设计的部门，以及如果我们把范围扩大到整个制造业来看，还有负责产品规划和设计的部门，都需要用新的想法进行创造和规划。这样的企业不适合采用“直线型”工作方式，而应该采用我们后面将讨论的“项目型”工作方式。随着非自主型工作自动化程度的提高，这些组织会发展为项目型、易于运作的自主型企业。

在自动化发展之前，非自主型的工作也是由人根据操作手册完成的。直至今日，由于各种原因（如成本、使用环境等），仍然存在一些工作无法实现自动化的情况，因此需要专门从事执行特定任务的“岗位”型人才负责这些任务。而在未来，人工智能和机器人会得到更广泛的应用，人类负责的情况将越来越少。

场景1中人类所应承担的工作

那么，未来的人们会负责什么样的工作呢？为了更具体地探讨哪些工作应该由人来承担，让我们先来看看人工智能无法完成的工作是什么。

人类的工作之一是“设定目标”

无论在遥远的未来会发生什么，人们在灵活运用人工智能时，都无法从整体架构上让人工智能具有设定目的意识或目标本身。人工智能的作用是为人们定义的目标推导出最佳解决方案。比如，企业复杂的管理环境和企业愿景等因素都无法转化为可量化的数据，因此很难将定义工厂的构想（即决定应该以什么样的工厂为目标）这一任务全盘委托给人工智能。这听起来有点抽象，但是人工智能所能做的就是在我们已经设定好的工厂应该是什么样子的目标下，优化配置各种变量以实现目标。

另一方面，我们只给人工智能目标是不够的。从某种意义上说，人类的感观本身就是数量庞大的活生生的传感器，仅仅通过生活就能获得各种各样的信息，但人工智能只能获得预先设定好的信息。就比如上面列举的工厂案例，即使企业提出了一个待建工厂的观念，但如果只是把数据放到一个未被定义的现实环境中，也无法得到最佳的解决方案。人工智能要想理解现实，就必须将现实转化为数据，而决定转化内容的正是人类。如果人工智能没有一个要达到的目标和可供使用的数据，它就很难展开工作。

“灵感”现象是人所特有的

我们可以考虑一下其他情况。例如，人工智能可以通过“灵感”发明一个iPhone吗？当我们的目标是创新时，也许可以把各种事物随机组合起来，然后通过自然语言处理写出大量有创意的文章。又或者，我们可以从社交网络上了解世界上的流行趋势，然后对其进行加工，使其看起来更像一个新想法。

然而，正如前面提到的，这些想法至少不能说是人类创意过程的再现，想要直接将它孵化为一个被验证通过的创意还是很难的。人们常说，创意来自现有事物的组合，人要做的就是从这些事物的组合中发现新的运用场景。

例如，人类可能会在观看足球比赛时，想到解决球队当前问题的办法，但对于人工智能来说，除非事先设计好了逻辑，否则这种事情是其无法模仿的。即使是看似不相关的事物组合，我们也能从过去的经验、知识和体验中找到新的意义，这是人类特有的思维方式，也是获得灵感的一个非常重要的来源。

场景1中人类所需具备的能力

那么，在人工智能时代，人类还需要什么样的能力呢？

概念构思的能力

首先，企业要确切地制定出像“应该制造什么样的产品”这样的根本目标，换句话说，能够构思概念本身的能力在未来也至关重要。企业需要确定的概念是从经营状况、企业愿景和世界趋势等多个角度形成的，同时对建立共识的过程本身也有重要影响。那些说“人工智能决定了我们公司应该做什么”的言论是不可接受的。今后，能够扮演“概念缔造者”角色的人才可能会受到青睐。

除产品开发外，企业还需要有构思工厂概念的技能。人工智能很难构想出诸如“多品种大量生产某种产品并将生产基地分散到靠近消费区的地方”这样的新构想。对生产改革相关的各种信息进行解读，并提出有利于提高生产力的建议，这仍将是一个需要由人来承担的工作。此外，如果企业留不住对工厂流程了如指掌的“生产技术专家”的话，知识和技术就无法得以传承和进步。也就是说，企业需要不断培养像生产线高级技师（单元生产方式中的多能工）一样的人才。

此外，企业还要有根据构想来定义所需数据的能力。如果要将数据看成“人的感觉”或“潜在消费者的需求”此类主观的、定性的东西来处理的话，那么生成这些数据并确定处理过程就是人的职责。不仅仅是数据处理和分析的专家，工厂中也需要有能将一线工人的亲身体验和经验适当转换成数据的人才。

创新思维的能力

其次，在创新方面，如果人工智能难以承担该任务，那么企业需要有能提出构想，并依此创造新事物的员工。人的作用仍是充分地将过去的经验、与他人的关系和来自完全不同领域的知识结合起来，并赋予人们能够理解的意义和故事，使它们成为“新奇和美妙的东西”。不过，验证想法一事还是可以交给人工智能来完成的。

沟通的能力

最后，与他人沟通的任务也要由人类来承担。从企业之间的合作、协作以及产学合作这样的大事，再到日常的销售活动、订货收货、信息收集和头脑风暴等交流活动，商务对话的场景数不胜数，但我们能看出只有少数人可以通过机械性的交流来达到所有的目的。商业交流往往可以产生某种偶然的收获，比如在谈话过程中获得了意想不到的信息，或者随着彼此相互理解的深入，双方发现了新的商业合作的可能性。

当人工智能取代人类来进行沟通时，如果它试图再现这种偶然性的话，那就不再是偶然的，而是程序化的。读者可能也有这样的经历，比如在与他人的讨论中，当我们把自己感兴趣的领域或过去的经历等话题聊开，可能会在某种意义上称为“跑题”的谈话中取得出乎意料的成果。

只要能从数据得出答案，人工智能就可以胜任

人工智能代替人类完成简单工作，人类继续完成复杂工作，这是一种易于理解的替代方式，但实际上工作的复杂性并不是区分人和人工智能之间的唯一要素。即使是在人工智能时代，判断哪些工作需要人们去发挥价值的关键在于：对该工作的产出，数据能否给出答案。无论任务本身复杂与否，只要该任务所需的数据能够被收集和定义，那么人工智能都迟早会取代人类来处理这些工作。

到目前为止，作者所讨论的提出构想、定义数据、进行创新和沟通等诸多要素虽然都是抽象的，但都涉及企业存在的意义本身，它高度依赖于人的感觉和经验，并具有偶然性的意义。至少在不久的将来，它们都属于难以通过数据和逻辑获得答案的领域。

场景2：企业内部自主型与非自主型人才共存

第二类是企业内部“非自主型”工作人员（以蓝领为代表）和“自主型”工作人员（以白领为代表）共存的情况。

共存型业务的实际情况

在“直线型”等非自主型的企业中，员工通常遵照领导的吩咐，承担一份明确的工作职责，也就是负责完成“岗位型”的任务。在这种情况下，就需要定量的关键绩效指标来衡量员工完成了多少任务。按小时计酬的兼职工作的绩效就是一个很容易理解的关键绩效指标，因为这种绩效是以每小时的工作量来衡量的。而在一家公司中，员工的关键绩效指标将根据他们在销售方面获得的成交量和预设的业绩数量来评估。为了实现这一目标，员工会不断增加工作量。

而自主型人才指的是在指挥系统中虽然有领导的存在，但在其手下工作的员工能够灵活地设计并执行目标和活动内容，承担类似“角色”的作用，为完成任务而行动。对这类人员的评价更多的是从定性的角度出发，而不是定量的，比如“什么样的活动是出于什么样的目的开展的？”或“该活动对团队产生了什么影响？”等。

以团队为单位开展业务

在实际的商业活动中，很难明确界定哪些企业是非自主的，哪些是自主型的，两者结合的不同程度造就了各种企业和团队。在某些工作领域，以具有超强领导能力的“角色型”人才为首，而团队中其他成员大多数都是非自主型的“岗位型”人才。目前的许多工作都是由以这种类型的团队为单位进行的。于是，负责“角色型”工作的经理或专家级人才与负责“岗位型”工作的人才作为同一组织中的团队单位而存在。在这种情况下，自主型人才和非自主型人才在执行工作中的作用就会有明显的区别，其管理和评价方法也会因“角色型”和“岗位型”而大不相同。

例如，在一个负责产品营销的团队中，负责计划和下达指令的领导者是“角色型”人才，而接受指令的员工是“岗位型”人才。在这种情况下，领导人员可能是固定的。同样，艺术和设计等具有创造性能力的人才也会得到周围员工的认可。但一个不同的例子是，在网页设计部门，提出网站设计方案的人员发挥着 “角色型”人才的作用，而检查图片素材、提供诸如与程序员协调之类的各种支持的人员承担着“岗位型”人才的职责。而在这种情况下，每个网站的设计师都可能会互换，他们彼此的身份和职务将在每个产品呈现中得到确认。

根据项目情况，搭配领导和成员

如果“角色型”人才和“岗位型”人才之间的分工是固定的话，那么我们可以考虑把有“角色型”人才的部门和有“岗位型”人才的部门分开。然而，当企业以灵活的方式组建团队时，或者当“角色型”人才与“岗位型”人才的数量比例发生变化时，则可能会出现场景2的情况。举个例子，我们可以设想这样一种情况：以“角色型”身份工作的团队领导人的专业知识背景不同，那么承担领导角色的人才和成员的人员组合也因项目而异。场景2可以很容易地想象到，在多个项目同时推进的情况下，不管团队成员是在企业内部还是外部，他们的任务分配都是根据他们的能力来决定的。

当然，每个成员都能自主行事的自主型组织的表现自然会非常高效，对企业来说是有益的；每个成员都能在非自主型的工作中实现最高效率，对企业来说也同样是有益的。但实际情况是，在当下这个VUCA[①]时代，工作内容变得复杂和模糊，很难一概而论地将工作定义为具体的任务。工作量多少也取决于人才的能力，但由于日本很多工作的职位描述本就不明确，所以明确界定并管理工作的文化在日本尚未深入人心。

① 取自“volatility（波动性）”、“uncertainty（不确定性）”、“complexity（复杂性）”和“ambiguity（模糊性）”的首字母缩写，意为“变幻莫测的时代”。——编者注

共存型组织面临的挑战

近年来，虽然也有人倡导企业采用“岗位型”的人力资源管理制度，但现实情况是，由于大量非自主型员工的存在，企业标榜的“角色型”人才制度无法运转。在这种情形之下，企业引入“岗位型”人才制度的目的是为从市场上帮组织找到具有高度专业技能的人才，但是对如何管理和评价被定义为“岗位型”的人才又困惑不已。这种半半拉拉的“渐进式”组织形态可以说是日本企业的典型风格。

“岗位型”人才占大多数

实际上，和“渐进式”组织形态一样，在某些组织或项目中，“角色型”人才和“岗位型”人才是共存在一起的。现实情况是，许多企业面临的挑战是组织需要能够自主工作的“角色型”人才，但由于人才的能力不足，大多数员工仅仅是为了完成任务而工作的“岗位型”人才。

从人工智能技术的发展来看，如果人工智能或机器人能很好地胜任岗位型任务的话，那么日常的后台操作及流程中的调整和核查任务将越来越机械化，剩下的任务仅限于“角色型”或极其专业的“岗位型”任务。那么，企业对“岗位型”人才的需求将会逐渐减少，当然，这类人员是否真的会被取代也涉及经济合理性等问题。这样发展的最终结果就是所有的工作将成为自主型业务的一部分。不过，人工智能和机器人无法胜任的部分岗位型任务，即非固定的或重视交流型的任务，其工作方式将保持不变。

缺少能够自主工作的优秀人才

现在面临的主要挑战是，社会上大多数人都是“岗位型”人才，也就是那些缺乏能力、无法自主行动来创造高附加值的人才，他们只能执行可以被人工智能所取代的任务。在许多企业中，自主型人才和非自主型人才共存在一起，是因为没有足够多的优秀人才能够自主工作。公司不得不雇佣那些“能力不够”的人，以满足其对劳动力的需求。

许多企业都处于自主型和非自主型人才共存的状态。作为一个有目的意识的团队，到底是以“渐进型”的形态还是以“角色型人才+岗位型人才”共存的形态来开展活动，两者之间的差异很大。企业管理层正面临着这个巨大的挑战，他们必须要建立一个能吸引并激励具有人工智能无法替代的角色型人才，以及让其发挥能力的引领组织。

场景3：企业内部的自主型人才

第三类是在企业内工作的自主型人才。他们的工作属于项目制，企业的目标和工作内容不固定，需要灵活处理。例如，总部的经营策划人员和各业务部门的策划人员将被迫更新企业的职责和目标，来适应市场的数字化。而且，企业还可以建立跨部门的应急小组，以随机应变地处理多样的日常挑战。此外，为了加速创新以创造新的价值，研究与发展部门、业务拓展部门和企业风险投资等部门将面临更大的创新压力。场景3要求每个人灵活地工作，没有固定职责的等级制组织。

项目制的实际情况

企业的策划、各业务部门策划负责人和公司跨部门团队一直活跃在传统的“会员型”企业中。然而，由于调岗时不考虑员工与岗位的匹配度，因此他们往往很难自主地发挥自身能力，例如，某员工在被派往企业策划部后，却从零开始学习策划的相关知识。此外，这可能是一个以管理层的意愿为前提，通过全体部门的联合行动，在反复试错基础上完成的被动的执行过程。同样，在组建一支传统的跨部门团队时，往往都维持了这种等级制结构，由副总裁来担任这支团队的负责人，手下的相关部门负责人和心腹在他的带领下参与其中。尽管企业经常组建跨部门的团队，但这些团队却很少能超越所属部门的利益做出自主的判断。

相比之下，场景3所描述的工作要求员工能够以自己的能力自主地展开工作，不受组织逻辑或部门利益的约束。用来推动这些工作的一个典型例子是项目小组制。当某个问题出现时，企业就会召集成员来组成团队并创建项目小组，该小组的任务就是解决这个问题。可以预期项目小组制将作为构成组织的一个永久性单位来运作。

与场景2的不同之处在于，场景3中团队的所有成员都有自己的专业知识和自主性，并在平等的基础上工作，不用听命于项目负责人的指挥和命令。因此，每个项目任务内容各不相同，而完成该项目的具体任务以及适合承担各项任务的团队成员也因项目而异。项目小组在工作目标完成后就会解散，每个成员都可能调到一个不同的新团队，甚至是离职去了不同的公司。

日本厚生劳动省推出的“未来工作模式”

日本厚生劳动省在《2035年未来工作模式报告书》中，对未来工作方式的描述如下：2035年，企业在极端情况下会演变成具有大量明确任务和目标的项目团体，许多人在项目期间属于该公司，一旦项目结束后就会离开，去另一家公司。因此，随着项目内容的变化，劳动者灵活地在不同公司之间流动。最终，企业组织内外的界限变得模糊不清，公司在招聘时采用的“正式工”招聘方式也将被迫发生改变。

在这样的项目团队中，拥有丰富技能的各领域专家将大显身手。在建设团队的过程中，通过人工智能可以分析项目的工作内容，提取项目所需的能力，然后寻找具有相应能力的人才。为此，企业必须聘用背景丰富的人才，如果企业内部找不到具备所需能力的人选，就要理所当然地从企业外部灵活的聘用。

项目制下的人与人工智能

团队建设过程中，企业将根据项目性质和个人性格中的亲和力、领导能力以及相互间的人际关系等因素选出合适的人选来担任项目负责人。换句话说，项目负责人没必要看成是一名管理者，因为工作头衔或级别对项目负责人来说并不重要。项目负责人被赋予必要的决策权，使项目能够高效运作。人工智能管理任务的进度，而项目负责人则在人工智能的建议下做出决策。

领导者执行项目，业务经理整合环境资源

项目负责人负责在既定的环境中执行项目，而不负责环境的整合（如人员、货物、资金和信息等资源），也不会对那些造成超出项目范围的决策负责。而需要承担这些职责和工作的是业务经理。业务经理需要监督项目在日常执行中是否需要解决超出现场裁量权的问题，如确定资金、信息和其

他资源的投入情况，并就业务风险做出代表企业的决策。与“直线型”制度下的管理人员相比，业务经理的人数少而且他们要负责大量的项目。这意味着他们必须在与现场信息共享比以前少的情况下，做出更高层次的决策。因此，企业通过人工智能管理进度、监测情况以及领导人提供的报告来建立一个全面的信息系统至关重要。

人力资源管理经理的职责

人工智能还可以帮助监测项目成员的积极性是否下降，以及评估每个成员的成长状态。项目负责人要保持成员的积极性，给成员提供学习机会，然后评估他们的表现。尽管如此，在每个成员都具有高度专业性，且专长各不相同的情况下，项目负责人要根据每个人的培养计划来监测和评估其成长过程，就必须具备高水平的人力资源管理能力。所以，人力资源管理经理的职责应该是判断各个人才在哪些项目中存在发展空间，并为整个组织实现适当的人力资源配置。

如果高层认为某个项目的运营中存在人力资源短缺现象，那么就要由人力资源管理经理来最终决定是否需要为该项目部署额外的人员。人力资源管理经理从项目负责人和人工智能那里获得员工们在各项目中表现的反馈，从而进行人事评估，来决定他们的晋升、晋级和调动。人工智能负责监测成员们的积极性和对企业的忠诚度，一旦人工智能发出相关警告，人力资源管理经理就会采取必要措施。此外，人力资源管理经理还会密切留意本公司人力资源是否存在过度短缺的情况，并确定如何利用外部人力资源——例如中途采用有经验的人才或聘用外部专家。与总部机关里封闭的人力资源部门相比，人力资源经理需要扎根于一线并积极开展活动。

场景4：企业外部的非自主型人才

本书的大前提是不认为机械化会导致失业，也否认人工智能威胁论。但人工智能的应用和自动化带来的部分负面影响也是事实，比如收入差距扩大的危机日益严重。第四种分类让我们聚焦游离于组织之外的工作自由的非自主型人才。

世界上也有很多从事个体经营的人员，他们自主地工作，不属于某个组织。这类人才在自主工作时，即使不是全部，也有很大的空间按照自己的意愿选择想要的工作和报酬。相比之下，非自主型人才由于受到很多限制，只能在十分有限的范围内选择自己中意的工作和报酬。本节将游离于组织之外的工作自由的非自主型人才分为三个类型——“临时工”“幽灵工作者”和“必要工作者”，并阐明他们存在哪些结构性挑战。在此基础上，作者指出了这三类工作者面临的共同挑战——如何在提升自身能力的同时提高薪资待遇，同时这也是对打破社会不平等现象提出的建议。

传统组织中的非自主型人才

在进一步讨论之前，有必要先来谈谈“游离于组织之外”这一点。传统上，即使是作为综合岗被录用的员工，也分为自主型人才和非自主型人才。在这种情况下，新员工按照指示工作，并最终按年功序列制度获得职场地位（职称）。然后，当他们晋升为中层管理人员时，不管其本身的能力能否胜任该职位，事实上他们按指示履行职责的部分就减少了，而被要求承担起中层管理人员职位所需的“角色型”作用。

然而，从本质上讲，像经理这样的“角色型”工作，只有做到能自主工作的人员才可以创造附加值，并不适合非自主型的人员。我们在过去经常看到这样的悲剧，在一线表现出色的人才，因为缺乏自主性，反而在管理岗位上无法做出明智的决策。本书已反复强调，组织对管理人员这一角色的任命不应基于员工的资历，而应基于他们能够积极行动的能力。

那么，非自主型人才会变得怎么样呢？企业中非自主型人才所承担的是通过忠实地完成简单的任务来创造价值的工作，这些工作很快就会被人工智能所取代。因此，无论是正式工还是临时工，许多从事“岗位型”任务的工作人员都将可能受到自动化的冲击。即使是那些表面上看起来承担“角色型”任务的经理也会受到影响，因为他们中的很多人实际上并不具备承担“角色”的能力。

对自主型和非自主型人才共存的企业来说，如果运作良好、业绩显著的话，它们会是强大而灵活的组织。但实际上，这些共存型企业所需的非自主型人员的数量已经变得越来越少。随着人工智能和机器人技术的发展以及新冠肺炎疫情带来的工作方式的改变，未来所需的非自主型人才数量还会持续减少，公司也将不再需要那些无法为创新做出贡献的人才。因此，非自主型人才将面临一场激烈的“争夺位子”的竞争，他们中的大多数人在目前的组织里已经失去了立足之地，需要开辟新的天地。这样一来，游离于组织之外的非自主型人才的数量就会不断增加。

非自主型人才的工作方式

目前，可以预见这些非自主型人才会产生三种工作方式。

非自主型人才的工作方式

1.临时工

第一种是“临时工”。企业很难为规模小、细节多样或短期需求变化较快的工作提供自动化服务。而且这类服务的提供者也很难在稳定的基础上雇佣人员，将人事成本作为一项固定成本来实现组织化。因此，形成了一种间隙性兼职的工作方式，参与一项工作的人数将根据形势的变化而有很大的不同。例如，受新冠肺炎疫情影响，快递服务人员的数量在迅速增加。

2.幽灵工作者

第二种是“幽灵工作者”。为了通过人工智能实现自动化，我们需要创建数据来让人工智能进行学习，而我们需要根据人工智能学习的目的给每组数据打标签。例如，如果我们希望人工智能从图像中包含的信息中检测出“人”，就必须在给人工智能学习的数据（也称为“教师数据”）中添加“这部分是人”的信息。这项工作被称为“数据标注”，虽然是一项简单的工作，但只能由人来完成。即使在自动化程度较高的社会，这种标注数据的工作也会留给人类。

另外，在数据标注方面，我们把图像中含有猫的部分选取出来，并将其注释为“这是一只猫”是很容易的，但是对于工业产品的瑕疵检测来说，只有这方面的专家才能做到。即使是给文本数据添加标注的工作，我们在处理专业性较高的文本或以口语写成的文本时，难度也会变大。

3.必要工作者

第三种是“必要工作者”。所谓“必要工作”，指的是维持社会生活所必需的、难以实现自动化的、只能由人完成的任务。“必要工作者”则包括医疗保健方面的家庭护理员；公共服务方面的垃圾回收人员以及从事出租车司机、公交车司机、卡车司机等基础设施服务的人员。新冠肺炎疫情给医务人员带来了沉重的负担，尽管大家被要求保持社交距离，但出售日用品、食品的商店以及公共服务机构还是作为社会的重要组成部分在运作。在这些行业，只要有人类活动，就必然会产生一些就业机会。然而，一些工作会要求工作者具备高水平的专业知识和自主性，也有一些工作是任何人都可以完成的简单劳动。非自主型人才承担的工作不可避免地属于后一类，而且待遇并不高。他们被限制在了那些“比交给机器人更便宜”的工作上。

非自主型人才的工作方式中存在的结构性问题

正如上一段中介绍的，这一场景下非自主型人才获得的工资往往低于场景1到场景3中人员拿到的工资，如果不加控制，社会不公平的现象恐怕会进一步扩大。

临时工和幽灵工作者创造的价值被低估

“临时工”和“幽灵工作者”面临的情况是，把劳动者（个体劳动力）捆绑在一起提供服务的公司（如平台公司等）可能会在一定程度上确保工作者的利益，但个体劳动者往往感觉自己创造的价值（或发挥的能力）被低估，且难以赚到足够的工资。而且，如果一个人不考虑去增加自身独有的价值，那么即使他非常努力也很难提高工资水平。还有一点是，此类工作在需求上有较大的波动性，所以这两类劳动者的就业是不稳定的。

此外，如果他们继续以这种方式工作，不仅提高能力的机会不多，而且也不容易获得新的机会。因此，如果这种环境继续下去，社会不公平的扩大、阶级固化的问题将变得更加严重。

必要工作者受到公共服务的价格制约

就“必要工作者”而言，个别劳动者所创造的价值（或者所展示的能力）通常被认为是很高的。例如，他们在护理工作中需要与老人及其家人沟通。然而，作为一项公共服务，服务提供方往往受到价格的限制，因此劳动者很难获得足够的收入。因此，与他们表现出的能力相比，个别工作者的工资往往很低。这样的就业条件也导致了行业内的高离职率，此类劳动者也难以持续提高自身能力。

“仅凭自身的力量去努力做事就能获得回报”的机制很难发挥作用

这三类劳动者的共同点是他们都存在能力和薪酬方面的

结构性问题，以及面临工作环境方面的挑战。即使我们试图解决这种结构性问题，也很难制定出一个可持续的“仅凭自身的力量去努力做事就能获得回报”的机制，可以使个人能力得到全方位的评估并反映到工资中，而且工资会随着他们能力的提高而增加。此外，工会、企业养老金等机制，以及劳工部门的检查和公众眼中的社会责任追究，都没有起到威慑作用。因此，企业可以提供的，例如完善工作环境、确保安全保障体制稳定发挥作用的保障，对于这三类工作者而言在很大程度上是缺失的，只能由他们自己负责，这使得意外事件（如自然灾害、疾病、意外事故等）很容易影响到劳动者的基础生活保障。而且，由于每位劳动者的性质不同，其问题所在、占比和解决方案也不尽相同，因此我们很难将问题一概而论，也找不到可以解决所有问题的“灵丹妙药”。

给非自主型人才的建议

本书的目的是为人们规划出一条可行的路线，帮助大家找到能充分实现自身能力的工作方式，以应对第四次工业革命带来的变革。如果是这样的话，我们的责任就不仅仅是关注那些光鲜的一面，而且还要看到那些“副作用”，并提出办法去解决上述三类劳动者所面临的问题。

现在面临的核心问题是如何鼓励劳动者通过自身的努力

来提高能力，而实现这种努力的基础应该是完善工作环境、确保安全保障体制稳定发挥作用。以下是本书提出的具体建议。

对临时工工作环境的建议

“临时工”被要求做到以下两点：一是“无论工作时间长短，都要灵活工作来满足雇主需求”；二是 “具备雇主需要的劳动者所具备的技能”。遗憾的是，这种灵活、不受时间限制的工作对增加临时工的附加值没有多大贡献，只有提高用户所需要的技能以获得与能力相匹配的劳动回报才有助于提高工作者自身的附加值。如果建立一个从技能角度来提高工作者附加值的机制，工作者就能以高级技师的身份来增加工作机会，或者提高工资，或者利用好评率来增加自己利用技能从事类似工作的可能性。

临时工承担的工作一般是他们的兴趣爱好和生活技能的延伸，不需要现有的资格证书，比如像保姆教孩子弹奏乐器等。为进一步提高这些源自兴趣爱好和生活技能延伸的工作附加值，可以采取的措施之一是在招聘平台上加入技能可视化和对临时工进行评论等功能。

例如，提供保姆服务的人可以在平台上标明自己有育儿经验、能教外语或擅长烹饪等技能，这样就能很容易地接到那些家中有孩子，但没有时间教孩子外语的客户招聘保姆的订单。此外，如果有一个系统能让客户在觉得保姆的外语教学质量非常好的时候，对其服务水平进行评分的话，那么有类似需求的客户在寻找保姆的时候，就会倾向于选择评价高的临时工。

我们通过建立机制让临时工以这种方式提高自身价值，并通过平台把临时工聚集在一起，这样他们可以更自主地工作，最终脱离平台成为自由职业者。通过自主提高能力的机制来摆脱低工资的现状是临时工今后努力的方向。

另一个方向是确保安全保障体制稳定发挥作用，为那些虽然可以灵活工作，但也容易受到经济状况影响的临时工提供生活保障。换句话说，我们有必要建立一种体制，使工作者们能够组成互助组织，接受社会保险和福利。互助组织可以将那些不属于公司的个体临时工聚集起来，将他们收入的一部分作为保险费支付，并提供价格便宜的住房，这样还没有完全自主的临时工就有可能安稳地生活了。

对幽灵工作者工作环境的建议

虽然“幽灵工作者”为人工智能进行数据标注的工作性质很简单，但也会出现要求他们处理高难度数据标注的情况。如果我们将这种应对高级数据标注和学习数据生成的能力定义为一种技能，并且对工作者和雇主来说都是可视化的，那么“幽灵工作者”将能够选择在他们擅长的领域进行有效的数据标准工作，也能够利用在特定领域继续工作而积累的知识和经验，走上管理以指导其他“幽灵工作者”的提升之路。

雇主方面也能够根据“幽灵工作者”的技能为业务找到合适的人，从而更有效地安排手头的业务。为此，我们需要利用某种方式对“幽灵工作者”的技能组合实现可视化。例如，如果存在一个“幽灵工作者”协会，那就可以开展诸如提供技能框架、接受使用者进行技能认证等工作。但是，如果大部分工作内容不需要技能，就很难阻止雇主雇佣不属于协会的“幽灵工作者”。因此我们可能还要建立一种制度，比如雇佣对象仅限协会会员。同时这样的协会组织也要建立相应的机制，对要求工作者在短时间内处理过多标注工作的请求进行监管，确保协会中的工作者不会受到剥削。

对必要工作者工作环境的建议

对于“必要工作者”来说，一个可行的方向是我们为每个职业设置认证机构，并向工作者颁发官方认证证书，然后他们可以考虑利用这些认证证书来推动职业发展。目前，官方认证仍以认证机构和协会的形式颁发，如护士和社工人员所持有的资格证书。但可以建立类似的机制，让资格证书与工资直接挂钩，使工作者能够获得与工作内容相称的工资。此外，不要求专业知识或特殊资格的工作如出租车司机、公交车司机和卡车司机也可以通过装货效率和运行定时制等客观指标来评估他们的技能。即使这种技能认证不一定有严格的定义，只是根据工作地点、组织和社区的制度和经验来规定的，但只要能保证某种程度上的可靠性，对必要工作者和用户来说都是有用的。

然而，目前还没有一个既定的平台让这些必要工作者按职业建立网络和社区。为此，我们首先有必要为每种类型的职业开发一个类似于Hello Work[①]的人才招聘机制的平台，并使之实现网络互联。这样，必要工作者就能够在已认证的平台上招揽工作、获得与他们的职业相符的技能认证，从而推动自身的职业发展，提高工资水平。

“必要工作者”的工作本身可以造福社会，同时也能撑起他们的自尊心。对技能和资格的认证也有助于保证工作者们的自尊心。通过对资格和认证进行多样化和分散化，使其成为支持各个社区职业发展的机制，这将是兼顾整体服务水平和提高工作者待遇的关键。

① 日本政府各地方劳动局的职业介绍机构。——译者注

专栏　多样性与创新之间的关系

以创新解决社会问题

在人工智能时代，人们期待企业通过解决社会问题来进行创新，而企业的生存取决于它们如何实现这种创新。而且，由于创新源于多样性，如果企业要实现能够解决社会问题的创新，也需要保持多样化的追求。企业的多样性取决于人才的多样性，但这不仅仅是指性别、国籍等属性上的多样化，价值观等内在因素上的多样化也很重要。本专栏将深入探讨人工智能时代下人才的多样性。

人工智能是一项创新技术，但任何一家拥有垂直整合型商业模式的特定公司都不太可能垄断从关键技术到服务的所有环节。通常认为，一个横向分工的生态系统将被建立起来，并作为云服务提供给所有公司和人员（提供人工智能服务的企业被称为平台或赋能者）。在这种情况下，即使人工智能发生了技术革新，其好处是也不会成为某些公司的垄断。换句话说，一个企业仅仅通过发展自己的产品和服务，将很难在技术方面做到与众不同。总之，技术创新将不再是一个产品或服务的“卖点”。因此，决定企业之间差异的因素将是产品或服务能在多大程度上有助于解决用户个人和所属区域、群体、组织的社会问题。

此外，人工智能将继续根据数据标注进行学习，并反馈结果。同样地，产品和服务中的技术将在不断发展的基础上得到更新，人们未来也不会对技术的进步感到太大的惊讶。取而代之的是，人们会看重某个产品或服务的用户评价和用户体验。这在很大程度上取决于产品或服务能否解决社会问题，而不是产品或服务的功能价值。随着人工智能的发展，企业将把创新的重点放在解决社会问题上，而不是技术创新上。

在这里，我们重新回顾一下“创新”一词最初指的是什么样的事件？让我们来看看创新的定义。奥地利经济学家约瑟夫·熊彼特（Joseph Schumpeter）在1911年定义的“创新”包括：①生产一种消费者还不熟悉的新产品（物品和服务）；②采用一种新的生产方法；③开辟一个新的销售渠道；④获得原材料或半制成品的一种新的供应来源；⑤实现一种新的组织。

日本对于“创新”一词的用法与西方略有不同。1958年，日本政府在《经济白皮书》中将创新翻译为“技术革新”，这种解释直到现在还根深蒂固地影响着日本民众。在日本，人们对创新的认识只是抓住了其最初定义的一部分。正如熊彼特对创新的定义所指出的，创新并不局限于技术层面的创新，而是必须被视为给社会带来新价值的东西。

日本版的创新定义并没有错，但“技术革新”一词只抓住了熊彼特定义的一部分，所以我们要想实现真正意义上的创新，还需要考虑非技术因素。

例如，美国商业思想家迈克尔·波特（Michael Peter）认为，“企业带来的创新应该放在解决社会问题的背景下考虑，过于注重技术革新的创新反而会引发社会问题”。波特指出，“在未来，企业可以从解决社会问题中获利”。近年来，正如波特的理念一样，这样的社会趋势越来越明显——企业朝着解决社会问题的方向创造产品和服务，并对解决社会问题做出了贡献，为社会增添新的价值。

根据上述讨论，让我们再次梳理一下“什么是创新?”整理如下：“创新不仅仅是指技术革新，还要重视追求开发能解决社会问题的产品和服务，并由此对社会产生影响以及创造新的价值。”（图4-2）。

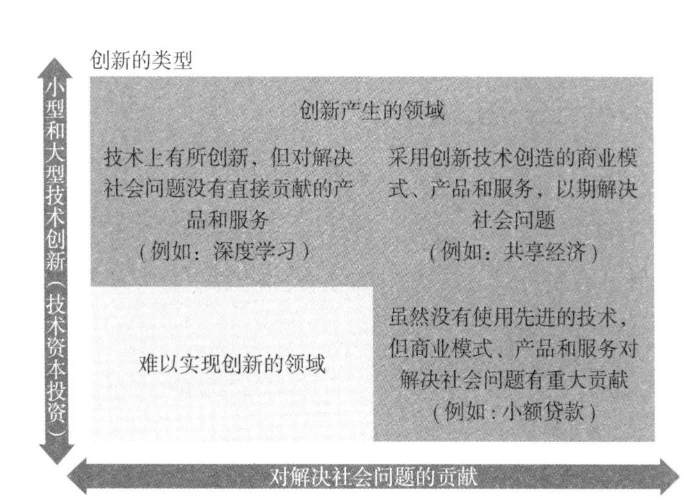

图 4-2　从技术创新及其对解决社会问题的贡献角度看待创新

属性、内在因素及产生多样性的两个因素

在我们如此强调社会问题的情况下，企业自然也会去寻求解决这些问题。然而，如今的社会问题是五花八门的，并不是像日本战后经济高速增长时代那样，大多数人都面临共同的社会问题。这是因为，不同群体和属性所面临的挑战各不相同，个体价值观下出现的问题只会与具有相似价值观的人所共有，这样就导致了社会问题的多样性。为此，企业需要准确把握各种各样的社会问题，并提出有助于解决这些问题的产品和服务的想法。为了实现这一目标，员工个人的属性和价值观必须是多样化的，以便能够理解多样性的问题，并为其提出解决方案。为了实现以解决社会问题为核心的创新，就需要拥有足够多元化的个体，这样才能让其用多元化的视角看待一个事件。

哪怕我们只关注技术方面的创新，也仍然需要多样性作为创造力的源泉。即使人工智能本身可以通过机器学习来实现日常的技术更新，但人工智能只能被限制在人类给出明确目标范围内的学习。人工智能通过机器学习实现的技术创新实际上只是一种技术的不断更新，很难实现颠覆以往假设的技术革新。因此，非连续性的技术创新和值得诺贝尔奖的发明之类，实际上是取决于人类的创造力。而这种非连续性的技术创新并不局限在技术团队和研究所内，而是需要更广

泛的应用范围，就像本章专栏《人工智能能够撬动整个组织吗》中所描述的那样。

一些调查结果证实了这种观点，证明了多元化的企业比非多元化的企业更具创新性。波士顿咨询公司的成员罗西奥·洛伦佐（Rocío Lorenzo）和马丁·里维斯（Martin Reeves）对8个国家（美国、法国、德国、中国、巴西、印度、瑞士和奥地利）的1700家不同行业的公司进行了调查，以确定其管理层的多样性（包括性别、年龄、国籍、职业道路、行业背景等）与创新创造之间的关系（该调查于2018年1月进行）。调查结果表明，管理队伍更加多元化的组织实现的创新数量越多；工作经历的多样性和种族的多样性与创新数量之间有特别强的相关性。类似的研究结果表明，同工同酬等公平就业模式、参与型领导、高层管理人员对多样性的支持、开放的沟通方式等做法都有助于保持组织的多样性。事实证明，在人员高度多元化的企业中，适当的人才管理和提高员工对于多样性的认识对创新也至关重要。

那么，什么是多样性呢？我们或许可以联想到性别、国籍等词语。从广义上讲，多样性大致可分成两类，一类是国籍、民族、性别、年龄、学历等属性因素，另一类则是生活方式、经验、工作观和价值观等内在因素（图4–3）。不同国家和地区对属性多样性的强调是不同的。许多日本公司关注性别多样性的问题，例如招聘女性员工和提高女性管理人员的比例，从年功序列制到以能力为重的转变趋势则有助于实现年龄方面的多样性。如果一家日本公司要成为全球性的企业，今后不仅要看重性别多样性，还要加强对国籍等其他属性多样性的重视程度。此外，企业还应该提高员工对经验、价值观和工作观等内在因素多样性的认识。

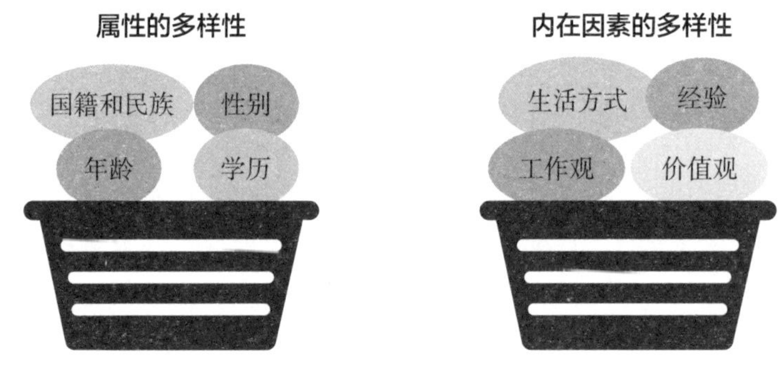

图4–3　多样性的两种类型："属性"和"内在因素"

日本企业想要创新的话，就必须开始接受人才的多样性，并为此提高管理的优先级，以达到这一目的。如果因为仅为日本市场提供服务而忽视了企业内部人才的多样性，那么在竞争力上很快就会被其他具有多样性的企业拉开差距。企业在其企业内部到底需要做些什么来实现创新呢？作者采访了跨国企业，并总结出了实际可采取的措施（图4–4）。

主动招募
•量化方面：各部分的可量化目标
•定性方面：设定目标

•安排导师
•安排同伴
•网络推广
•开展无意识偏见启蒙

录用
海外调动
参与度
评价
文化

•按级别调动 / 不按级别调动
•调动的一揽子措施
•经济激励措施
•为配偶安排工作

•透明度（防止属人化评价）
•评价框架的标准化
•薪资水平的标准化
•跨部门挑选接班人

•规定英语是企业内部的官方语言
•工作风格的灵活性
•平衡企业文化与归属感文化间的关系
•开展跨文化交流启蒙

图 4-4　跨国公司实施创新的措施

如图4-4所示，将这两个要素描述为一系列的循环：增加多样性和创造一个能让多元化的人才安心工作的机制。通过“招聘”和“海外调动”保持了人才的多样性。在接下来的 “参与”过程中，企业会形成一个机制，指派与每个人的属性和内部因素相近的导师和同伴，帮助个体能够在组织内部各种人才聚集的情况下提高归属感，避免被孤立。在“文化”方面，企业将平衡好每个人持有的不同价值观与组织制定的统一的企业文化之间的关系。在“评价”方面，以评价者和被评价者拥有不同的价值观为前提，企业也将提供一套机制，以确保价值观的差异不会造成评价的模糊。下面让我们更详细地来了解一下。

这个循环是从“录用”开始的。公司不是被动地从应聘的学生中录用最优秀的人，而是为企业所需人才制定定量和定性两种指标来进行招聘。也就是说，企业从能力和多样性两方面决定雇佣多少人和雇佣什么样的人。要做到这一点，有必要确定企业内部每个部门和业务所需的具体能力。而且，企业最好事先确定是否能做到不问出身、属性和价值观来雇佣员工，以及是否能确定一个明确的人数占比来实现多样性。或者说，企业需要设立一个数值目标来明确需要多少具备相应能力和价值观的人才，然后让招聘人员去实现这个目标。为了实现多样性，招聘单位不仅要等待别人投简历，还要积极主动联系符合标准的学生和求职者。企业不仅需要考虑能否招聘到多元化人才，还要确保这些人才入职后能够利用组织内部所建立的包容性机制获得支持。

接下来，在“参与”阶段，企业主要实施以提升包容性为目的的措施，有助于防止个别员工变得孤立无援，并增加他们对公司的归属感。这可以说是既维护了个人价值观，又增进内部的团结。例如，企业可以为每个新员工分配导师，在出身、属性和价值观相近的员工之间形成共同体，以促进人际关系网的建立，并为这支多元化员工队伍的管理人员提供机会，让他们消除无意识偏见（Unconscious Bias），与来自不同背景的下属顺利沟通。更具体地来说，通过将员工对团队工作的贡献和积极性等实现指标化，以确保建立一个能够吸引多元化人才的团队，并在选择团队成员时考虑到候选人期望的职业道路、兴趣领域和他们希望发展的技能等因素，这样员工的参与度也可以得到提高。

在基层，一旦参与活动能让企业习惯于接受多样性，那么企业上下就会进入积极接受多样性的“文化”活动阶段。这是一项将所属群体拥有的多元化文化与企业文化相协调的举措。例如，一个雇用了不同母语员工的企业可能会选择将英语作为内部的官方语言，以便员工使用共同的语言进行交流。此外，如果一个企业认识到工作方式的多样性，那也会允许工作方式的灵活性。例如，提出缩短工作时间、早上换班或晚上换班等形式。

在营造创新氛围的过程中，企业领导人可能会向员工提出企业文化等指导方针，以帮助广大的一线员工做出决策。例如，强生公司在60个国家有250多家集团公司和13万名员工，并有一个名为“我们的信条”（Our Credo）的企业理念和道德准则，旗下各集团都在使用该准则。该准则规定了每个公司和每个员工应该有的共同点。此外，持续快速扩张的亚马逊公司还将“我们的领导力准则”标准化，形成了全球统一的人才招聘要求，并将其视作所有员工都应高度重视的行为准则。

从抽象的角度来看，这被称为“集体认同（Group

Identity）”，指的是关于人的地位和关系的共同概念。在企业中存在集体认同，意味着具有不同属性和价值观的员工即使处于同一个环境中，他们也能感到心理安全感，不会被他人否定或忽视。除了具有强大领袖魅力的企业、新兴的初创企业以及拥有自己独特理念的企业外，许多日本公司似乎很难用语言表达它们的企业文化和制定它们的信条。假设这样的企业都是自下而上地形成企业文化的，那么他们的做法就有可能是先在一线雇佣多样化的人才，然后将他们基于身份认同的想法集中起来，从而重塑企业的文化。

在“评价”阶段，企业要确保在业务层面上也能看到员工接受多样性的文化。为了防止评价的主观化，企业可以考虑采取以下这些举措，如增加人事评价的透明度，上下统一企业的人事评价框架，以及从跨部门的候选人中挑选接班人（为了保证公平，并不是直接将权力交到某位亲密的下属手中）。例如，当管理者在企业内部进行决策时，经理和项目负责人可以很好地引导和激发少数群体的想法。当进行团队建设时，不仅要考虑到使用人力资源技术探讨技能和经验方面的事情；还要考虑是否能拥有为实现共同目标，让大家齐心协力的人员配置能力。

企业如果能放弃日本公司过去所采用的抽象而模糊的评价标准，引入一个新的评价机制，公平地评估有能力的人才（弥补人工智能不擅长的三个领域的专家，以及为灵活运用人工智能等信息技术应用提供技术支撑的专家），那企业就能获得员工的信任。“评价”层面的包容性，还体现在企业承认管理上具有不同工作风格和价值观。如果普通员工的多样性在不断增加，他们对护理和育儿的理解也逐渐加深，但管理岗位上都是男性而女性人数并未增加的话，那就有可能出现晋升和晋级只依据员工是否符合统一的管理形象要求和其“成功之路”的调职经验。

一旦建立了以接受多样性为前提的评价体系，自然会导致总部与海外分部的人才交换和外派调动等相关机制的发展。外资企业已经采取了一些举措，比如从日本分公司派遣优秀的一线员工到总部积累经验，或者从总部派遣高管到当地子公司，让他们经历管理方面的考验。即使是日本公司，只要他们能够接受多样性，或许可以将这种举措作为纳入人力资源调动的一个备选方案。

如果到目前为止所描述的措施都得以实施，并且不同的人才对自己的工作内容、职业道路和评估标准感到满意，那么公司就能够确保拥有一个多样化的人才库，并在拥有广泛的创意想法的基础上持续不断地实现创新。

专栏　人事评价日趋多元化，无法进行横向比较

在人与人工智能共存的未来，我们应该如何评估人才呢？据悉，除了人工智能等数字应用领域外，人们还需要在人工智能不擅长的三个领域发挥能力，即创造性思维、社会能力和“应对非典型场景”的能力。然后，人们的能力可以分为三个不同的要素：功能性技能、操作性技能和胜任能力。如果我们只考虑到人工智能不擅长的三个领域、信息技术利用的领域以及三个能力要素，那么不难想象，仅仅用一个尺度来衡量能力是不够的。

通才类综合岗位的员工应该招聘那些“天资聪颖”，且受过通识教育和知识的通用型人才，并让其通过在岗培训在内部发展。对他们的能力评估必须具有普遍性，即使在人事变动中也可以适用，而个人拥有的专业知识往往被视为次要信息，可以当成一种备选事项来考虑。

相比之下，对人工智能时代下对专家能力的评估，首先要判断他们的哪些能力是企业及其运作中实际需要的功能性技能和操作性技能。由于企业所需的技能多种多样，因此能力评估也变得多轴化。这样一来，能力评估中使用的轴线因人而异，很难利用一个共同的轴线来对不同的专家进行横向

比较。

数据科学家被认为是人工智能时代的关键人员，他们具备进行数据分析所需的信息工程知识和经验技巧，并且具有良好的操作各种工具和技术的技能。那么，对于数据科学家而言，他们是否必须具备良好的社交和沟通能力，能够直接向客户介绍情况并促成合作呢？当然，如果企业拥有一个优秀的数据科学家，能够做到两者兼顾，那么甚至可以将谈判事宜都托付给他们。但是，如果企业还拥有一个不同类型的专家，比如善于交涉的谈判代表，那他就可以和数据科学家合作开展业务。也就是说，数据科学家并不一定需要社交能力，比如谈判能力。

此外，数据科学家不可能奇迹般地从人工智能和数据中获得完美的分析结果。他们会准备一个假设，然后用数据集来验证这个假设。为了让人工智能的分析在商业环境中发挥作用，就有必要让其熟悉公司业务并了解公司产品和服务的实际使用情况。而这种熟悉公司业务、经验丰富的人才通常出现在企业中层以上、具有大量业务经验的员工之中。掌握人工智能相关的最新技能的人才会相对年轻一些。所以要把上述两者结合起来并不容易。那对企业而言，一个有效的做法是努力促成熟练使用人工智能的数据科学家和能够创造现场假说的意见领袖之间进行相互合作。

因此，在多轴的能力评估体系中，企业不可能得到一个在所有技能轴上都获得高度评价的人才。不同的人有不同的专业领域，这也意味着他们有自己不擅长的领域。对综合岗人才能力的评估是以通用轴线为前提，按照减分制评估方式来进行的，如出现事务处理不当或经常缺勤等情况将减少评分。与之相反，如果某一专家所拥有的多种能力中的一种能力较强，那么只针对该能力进行评价，而不考虑其他能力的轴线。这种对专家采用的加分制评估模式很重要，如图4-5所示。

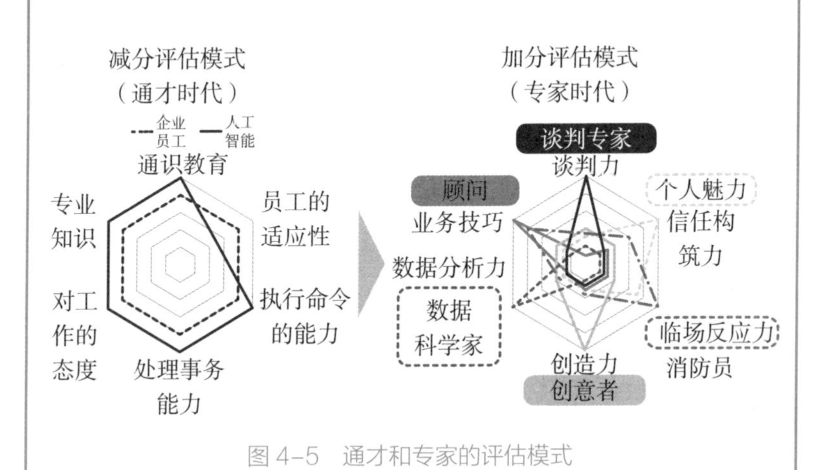

图 4-5　通才和专家的评估模式

第五章

适合企业的数字化转型模式

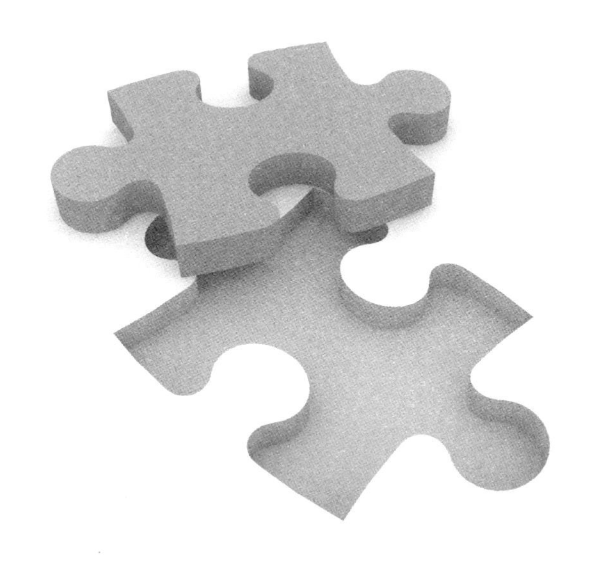

在第一章至第四章中，作者将数字化导致的影响分为“产业结构和劳动力”“人的能力”“人工智能与人类共存的工作”等几个方面，并阐明了它们之间的关系。可以从中很清楚地看到，每个因素都受到数字化的巨大影响，每个因素都彼此交织在一起。在接下来的章节中，作者将提出成功实现数字化转型的途径。随着以人工智能为核心的数字化技术革新的到来，第四次工业革命的发展势在必行。读到这里的读者已经明白，“变革”是对社会和劳动者的挑战。与其被动地陷入波涛汹涌的变革巨浪之中，不如积极地探索成功的方法。事实上，在阅读第三章时，有些读者可能已经根据自己的优势和不足，考虑过自身哪些能力可以拓展吧。

问题在于数字化发生在产业结构、各企业和各业务领域，不能仅靠个人的努力来完成。本章的重点在于就企业如何转型以适应数字化并提供一些试行方案。从理论上讲，有4种模式可以成功实现数字化转型。

图5-1中有4个象限。首先我们来看一下图中的轴线。如第一章所述，数字技术正在推动产业结构的发展。那么一个行业究竟是已经受到了数字化浪潮的影响（甚至说是颠覆），还是在保持暴风雨前的宁静呢？不同的行业有不同的情况。顺着纵轴可以看到，图5-1上方的行业正在经受着以数字技术为核心的创业公司带来的颠覆性冲击，先进企业正在构建数字时代的新生态系统，整个行业正在经历数字化变革。

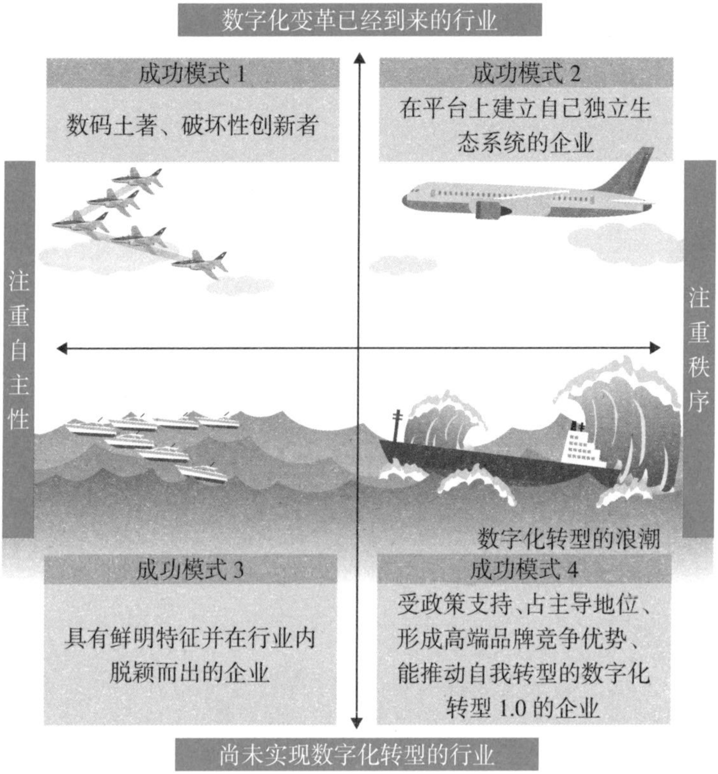

数字化变革已经到来的行业

成功模式 1

数码土著、破坏性创新者

成功模式 2

在平台上建立自己独立生态系统的企业

注重自主性

注重秩序

数字化转型的浪潮

成功模式 3

具有鲜明特征并在行业内脱颖而出的企业

成功模式 4

受政策支持、占主导地位、形成高端品牌竞争优势、能推动自我转型的数字化转型 1.0 的企业

尚未实现数字化转型的行业

图 5-1　4 个象限对应成功实现数字化转型的 4 种模式

与此同时，图5-1下方的产业虽然运用了部分数字技术，但传统的商业模式并没有受到破坏性的冲击，这类行业仍在战战兢兢地迎接即将到来的数字化的挑战。然而，所有行业最终都会经历数字化的转型。可以预见，随着数字化的进展，图5-1中下方的企业数量会不断减少。

我们再来看看横轴。如第四章所述，在适应数字时代的工作方式上，企业如何变革将取决于它们更重视启用自主性的工作人才还是非自主性的人才。后者更强调企业权力，很多传统大公司都是这种情况。相反，前者则更倾向于尊重能力超强有爆发力的个人。拥有个性化人才的企业、具有超凡魅力创始人的创业公司等都属于这一类。

可见，对是否已经开始实施数字化、是否追求自主性的工作方式的分类，划分出了4类企业。

数字化转型失败的企业

需要注意的是，如图5-1所示，是对数字化转型成功的企业的分类。如果企业不采取任何对策或者在转型过程中失败，就会被转移到这张图外的失败名单上。也就是说，最终经营失败的企业不在图5-1上。

有人认为企业是因为管理层太拘泥于过去的盈利模式，不愿接受数字化转型，但从作者与众多管理者和领导者的谈话来看，绝大多数在数字化转型中失败的企业都曾积极参与改革。准确地说，能否正确选择“适合自己企业的转型方法”的背后潜伏着失败的风险。因为数字化转型不仅仅是采用和熟练使用数字技术，还要将各种观点结合起来，以兼容并蓄的方式进行改革。企业要打造一个适合数字时代的生态系统，就要根据这个生态系统重新构建工作内容，确保拥有能胜任新业务的人才，并为这些人才顺利开展业务而对组织进行优化。只有做好这一系列的改革措施，才能接近成功。

单纯模仿同行业其他公司的成功案例是不足以获得成功的。这些失败的主要原因有：一旦改革在内部遇到较大阻力就无力应对；负责改革的人员在热情和能力方面都有所欠缺；主管部门各自为政不相互配合。

通向成功模式的4条道路

作者是如何总结出图5-1里的4种成功模式的呢。其实这4种模式并非出自单纯的逻辑思考。作者首先构建了一个假设，然后再与日本国内外的经营者、成功企业的领军人物和学术界人士反复讨论，最终才得到结论。作者如果在会议上听到了一个有意义的演讲，就会联系那位演讲者，希望他能抽出一点时间和作者进行对话。或者当作者被邀请在会议上做演讲时，作者也会认真听取与会的经营者们的真实想法和他们所遇到的难题。如图5-1所示的4种模式就是受到这些谈话的启发而形成的。

作者最初是描绘了一份未来的职场蓝图。它由项目制度化、创新化和管理扁平化等因素组成，既带有一定的自信，却又给人一种不协调感。因为对于很多日本企业来说，这样的蓝图感觉太遥远了。事实上，对于这样的蓝图，作者也收到了诸如“似乎和我们公司现有的业务没有关系”“并非所有公司都像美国西海岸的创业公司一样追求创新”这样的评论。

然而，这些评论并没有动摇作者对未来的信心，日本野村综合研究所咨询事业本部所实现的（即使只是其中一部分）环境也并非美国西海岸创业公司所特有的样子。如果作者不去研究这些反馈之间的差异，那么也不难想象，提案最终只会是“画饼充饥”。此外，作者还在不知不觉中给自己定下目标，制造行业自不必说，作者还要创造出一个如交通运输公司、能源公司这样看重一线稳定业务的基础设施企业都能够接受的模式。

研究欧洲企业也遭碰壁

因此，作者开始了对欧洲企业的研究，并将重心放在了与日本同样拥有大量制造业的德国（图5-2）。研究表明，推动转型的关键人物都有自己的信念，并找到了体现这种信念的方法。企业转型的道路和态度不止一种，有些擅长诉诸情感、使用人性化的技巧，有些人则喜欢逻辑化和组织化的方法，在此似乎能看到一些近似流派的差异。接下来的课题，就是研究这些流派之间究竟有什么区别了。

作者在进行数字化转型学术研究时，试图从先行案例中寻找、总结成功的要因，结果再次碰壁。遇到的第一个问题是：虽然我们可以整理出先行案例中的常见对策，但这些对策并不一定有共通之处。第二个问题是：我们无法解释为什

数字化变革已经到来的行业

数码土著、破坏性创新者

企业 扁平化企业（渐进式的敏捷化）
人才 角色型
行为 自主型项目 + 网络互联（重塑）

创业目标 创业目标
普及 研讨会
维护 自我激励、OKR（目标与关键成果法）

在平台上建立自己生态系统的企业

企业 低层化金字塔（有目标的敏捷化）
人才 任务型（多数）+ 角色型（少数）
行为 扁平化团队 + 上下纪律（最低限度）

创业目标 少数有远见的人（CDO）+ 庇护
普及 企业风险投资（Corporate Venture Capital，CVC）、卓越中心（Center of Excellence，CoE）、出岛
维护 管理层的号令 + 基层假设 + 允许失败

←注重自主性　　注重秩序→

具有鲜明特征并在行业内脱颖而出的企业

企业 扁平化企业（互不干涉）
人才 核心专家（角色）型人才 + 任务型
行为 任务型 PJT+ 网络互联

创业目标 每位核心专家的独特目标
普及 让有影响力的人参与进来、研讨会
维护 专家自主性 + 包容性

受政策支持、占主导地位、形成高端品牌竞争优势、能推动自我转型的数字化转型 1.0 的企业

企业 金字塔式企业
人才 任务型
行为 直线型企业 + 上下级纪律

创业目标 合理的生存策略（不是目标）
普及 企业的整体行动计划
维护 评价关键绩效指标 + 企业间协调 + 归属感

尚未实现数字化转型的行业

图 5-2　数字化转型 4 种成功模式的具体对策

么即使企业采取了相同的对策，有的成功有的却失败了。第三个问题是：与其他国家的案例相比，日本国内的案例大多被归功于有能力的关键领袖的个人成功，很难形成具有广泛意义的、可复制的通用方法。

最终得出了2轴4象限的想法

为了解释三大问题和流派的差异，作者进行了长达半年的讨论。回顾了5年来的研究过程，将企业、人力资源、业务现状、目标、改革力度、维持改革的措施等要素紧密联系起来，最终得出了围绕数字化和自主性这两根轴线整理出的这套方案。

作者得出的假设是，如图5-1所示的4个象限所示，数字化转型有四种成功模式，最佳模式取决于行业情况和企业性质。如果不能为企业选择合适的模式，无论模式本身多么成功，最终都会导致失败。即使管理者认为已经为公司选择了正确的模式，但如果在实施的过程中与目标产生了一些背离，改革最终也会迷失方向。

说到这里，作者已经找到一个可以大致解释成功与失败的模型。从作者之前讨论的“人与人工智能共存”和“角色型人才和岗位型人才”等存在方式的角度来看，4个象限都表现出了不同的需求，这使作者更加坚信对每一种模式都要分别进行研究。

对数字化的多个侧面进行了整理和总结

本章将针对图5-1所示的4种成功模式，分别探讨其主要特征是什么。如果要制定一个与这些特征相匹配的一揽子改革方案，需要制定什么样的候选方案，以及为什么会做出这样的决定（图5-2）。本书对数字化的多个侧面进行了整理和总结。

对于本章所写的内容，先进企业的经营者曾向作者反馈，“对照本公司的特征，表示认同”。但是，作者意识到“这个试行方案并没有彻底完成”。原因有二。第一个原因是企业往往同时具有多种性质，不太可能完全符合四象限中的其中一个。这种情况下，在实际的改革中需要综合地使用多项措施，这时企业往往无法做到应对自如。第二个原因是新的改革措施的日新月异，即除本书介绍的之外，每天都有新的措施出现。希望读者能够以本书的试行方案为基础，为自己的企业不断摸索、找出最好的对策。

数字化转型案例研究

首先，我们来看看两个在德国都设有分部的企业——礼来公司和德意志银行这两家企业都是具有悠久历史的大公司在数字化转型方面形成对比的成功案例。

礼来公司的德国分公司——参与式变革

礼来公司是一家总部设在美国的全球性制药公司，

其中负责管理德国、奥地利和瑞士业务的分公司设在了德国。2014年，出生于德国一直在日本就任的西蒙娜·汤姆森（Simone Thomsen）被任命为德国分公司总经理。这次为了重整业绩不佳的德国分公司，汤姆森寻求礼来集团全球领导力发展顾问斯蒂芬·鲍尔（Stephan Bauer）的帮助，并着手改造德国分公司。

在12位领导参加的，第一次关于改革的研讨会上，鲍尔准备了自我冥想、未来展望等内省的环节。起初，这些参与者对此持怀疑态度，但是当研讨会的目标在参与者之间达成共识后，这群领导就变成了共同制定目标的一体化团队。

事实上，作者也曾参加过由鲍尔主持的研讨会，当时就像是误入了某个宗教活动一般身感不安。研讨会的目的是改革管理，但在那里做的却是诸如冥想之类的身体活动，作者无法理解它们之间的联系。然而，在场的人一旦产生共鸣，反倒可以更专注地进行谈话。

礼来公司的领导团队将目标设定为“我们自己最想引以为豪的事情”，并表示“到2020年，我们要成为奥地利、瑞士、德国这几国中最具有人道主义精神的，以顾客为中心的制药公司”。这个目标乍一看很抽象，其实却能够根据企业的方向性对具体行动进行指导和判断。因为团队里的每一个人都认同“模范领导会影响员工的积极性和顾客满意度，最终带来商业业绩的提升”这一服务价值链的思维方式。

礼来公司选出了一个由120位领导组成的领导会议，来宣传研讨会所制定的目标。但是，汤姆森将运营研讨会的重任交给了不拘一格、善于挑战的年轻领导团队，而不是原本负责会议的领导。他认为这次的目标不在于“传达”目标，而是“有实现它的热情”。这个年轻的团队会集了来自各个企业的有影响力的成员，在鲍尔的鼓励下，他们花了五个月的时间准备了一个让大家都参与其中的研讨会。

无论是在会议上还是在采访中，鲍尔从不将自己的想法强加于人。相反地，他主张采取适合参与者的方法，调动他们的情绪，让每个人带着自己的动机和意愿主动参与变革、体验变革。研讨会通常被当成推动改革的一种方式，负责人不仅要精心准备研讨会的内容，还要制定出让参与者融入的机制，这样研讨会才能取得成功并最终获得成果。

结果，德国分公司在第二年就成功地走出低迷，并提前两年完成了业绩目标。改革总是伴随着冲突和摩擦，但礼来集团的德国分公司找到了如何克服困难的方法。首先，在业务层面，改革行动必须结合企业的行动原则——服务价值链，这样才能与企业的战略保持一致、整合推进。其次，在企业层面，尽管他们没有打破金字塔式企业本身，但能够做到尽量减少金字塔式的思考和行动。只要被赋予权限、且保证透明性和灵活性，每个人都更愿意发表意见，不会抗拒挑战，面对改革的责任感和激情也会提高。

此外，在企业文化方面，为了顺应公司“不强迫”的企业文化，鲍尔的做法是让领导者向下属展示他们各自推进的改革，让下属们在平等的基础上参与进来。鲍尔指出，最困难的环节是传统的直线型部门——比如销售部门的改革。他说，他正努力培养对变革感同身受的领导者，并让这些领导者慢慢地影响周围的人。汤姆森和鲍尔认为改革应该是“主动参与”，他们不愿与反对势力对抗。随着与他们产生共鸣的人数的不断增加，剩下的约三分之一的反对者也都不同程度地受到了他们的影响。鲍尔认为，改革的能力即“思维模式”，在现代社会，这种能力不是“自然”产生，而是通过“培育”掌握的。

即使到了2021年，在汤姆森的继承者——佩特拉·尹珀（Petra Imper）的领导下，改革仍在继续。礼来公司不断提出新的目标，并取得了成果，包括首次在制药业引入了“共同利益平衡”（Common Goods Balance）这一概念。

德意志银行企业投资部——以敏捷为目标的改革

德意志银行是德国最大的银行，它的战略是在技术和创新方面进行大量投资。此外，该公司还积极利用外部人才来推动其数字化转型战略，比如从德国软件公司思爱普（SAP）挖走其负责技术、数据和创新的首席执行官。当时在德意志银行的对公与投资业务部推动敏捷变革的邦特雷·森奈（Bontray Senna）曾是一名咨询顾问，她在接受采访时说话非常有逻辑。

数字化转型应该像总部下设的一个分部那样继续运行下去

森奈指出，德意志银行改革的特点是技术和业务部门可以像一个团队一样运作，在身体和心理上彼此紧密相连。这是因为数字化转型本身并不是目的，只有当它能够作为企业的一线业务来实施时才有意义。但是，也不是所有的工作都能由一线成员来主导，管理层为其团队任命最合适的领导，并给予保护也是很重要的。中层管理人员需要学习的是能够带领团队排除障碍的领导力，并从自身开始变革，接着让整个团队参与进来。企业将这些改革行动作为加分计入高层管理人员的关键绩效指标，确保了改革的推动力。

当然，德意志银行的敏捷改革并不是完全顺利。像银行这样的传统金融机构并不喜欢大的变革，因为变革一定会伴随着风险。这时可以通过参照其他具有相似文化的公司的案例，在公司内部分享成功经验，来降低大家在心理层面的抵抗。与其他企业不同的是，森奈认为，在某种意义上，数字化转型就像总部的组成部分，而不是一个临时的项目或计划。应该持续地执行下去。她说："为了避免出现'我们已经进行了充分的审计，今后只要管理就行了'的情况，数字化转型是应该坚持实施下去的。”此外，在变更业务时，谨慎的银行业还有一种特有的做法就是采用双轨方法，新旧并存，在没有问题的情况下才转移到新的业务流程。

推动数字化转型的关键人物是“敏捷教练”

敏捷教练在推动公司的数字化转型方面发挥着非常重要的作用。一名教练只能同时负责两三支队伍，因此企业需要很多教练。改革之初，由于公司内部没有具备能担任敏捷教练的人才，因此聘请了外部教练，但现在公司内部已经有了一定数量的教练。一开始，内部教练候选人与外部教练一起工作，学习外部教练的技能，因为发展内部教练候选人技能的唯一途径就是让他们真正作为一个敏捷教练来工作。而且，熟悉公司文化的人才更适合担任敏捷教练。

与谨慎的企业文化相匹配的想法也体现在该公司对人才的培养上。在森奈参与的改革中，员工可以在被称为“市场”的地方接受为期一年的职业技能再教育。在要求员工学习新技能的同时，公司保证在此过程中员工不会被解雇。当然，也有员工因为对新技能不感兴趣而离职的情况出现，但只要表明“公司并不打算解雇员工，而是愿意在员工培训上进行投资”的意愿，就有助于员工获得安全感。

该公司对员工的考核方式也很独特，他们认为应该由员工自己通过在线测试等方式进行自我评估。另一方面，对业绩的考核则是以团队为单位来进行的，采用定量评价和定性评价两种方法。定量评价就是，企业会根据发布频率、故障频率和发生故障时的恢复速度等，通过事实和数字对团队进行客观的评估。定性评价则是，敏捷教练通过与员工的谈话来评估员工对业务流程的熟练程度、团队的心理状况、判断团队现状等，同时也起到管理的作用。

为什么要采用这种方式呢？可以料想，在技术部门和业务部门混合的团队中，因为很难按职责公平地分配个人对成果的贡献，所以企业不针对个人进行考核，而是主要采用对结果的定量评估来考核整个团队。

笔者们对本章各自的想法

接下来，作者将对图5-1所示的四种成功模式进行详细说明，但在此之前，想先来介绍一下研究小组里的每一位成员对本章的感想。作者的研究团队的人员构成也相当多元化。

不属于这四种类型的企业，最好重新审视一下自己的境遇（小野寺萌）

数字化转型和颠覆式变革的成功，并不取决于前面所述的企业结构和规模，也不是因为企业在早期就引进了先进的技术。在研究成功的企业案例时，我们发现，可以在企业中成长和发挥积极作用的人才类型因企业而异，而且数字化转型成功的路线图也是根据企业的文化和决策方式的不同，以不同的方式呈现出来的。因此，我想指出的是，不可能有“应该是这样”的最佳做法，只有具备某种特征的企业又具备这样的条件，并进行数字化转型才可以称之为一种成功的模式。

反过来说，不属于这4种类型的企业，最好重新审视自己的境遇。从这些企业应该看到，如果再不改革公司将失去市场竞争力并走向衰落。那么是坚持数字化转型改革，还是成为温水里的青蛙，或者变成因气候变暖、海平面上升而沉没的孤岛，抑或趁现在这个时机重新掌舵，走向新的方向？本章将带领大家尝试重新审视所在公司的现状以及自己职业生涯的发展方向。

目标企业的类型各异，我们要有自己的风格（岸浩稔）

在对数字化转型时代的个人和企业进行思考后，我们发现，个人充分利用其职业技能可以最大限度地发挥其独有的附加值，而企业则需要建立支持和鼓励个人发展的文化和规则，这一点非常重要。当观察那些采用先进方法处理个人与企业的工作方式的企业形态时，我们发现它们并不都是以同一形态为目标的。

有一些公司旨在通过建立开放的、扁平的、自主的组织来生机勃勃地开拓业务的公司，而另外还有一些则是通过强有力的企业管理来巩固经营和地位的大公司。而随着数字化转型的发展，企业的技术和价值观也发生了颠覆性的变化，一些灵活的企业通过抓住时代潮流来实现业务的可持续改革；另一些企业则通过提供独特的服务和产品，精准满足那些不太可能发生结构性变化的行业的市场需求以求继续发展。

值得注意的是，随着内部和外部环境的变化，企业的理想形态也各不相同。并不是所有人都以谷歌公司为目标，而是有自己独特的企业形态。正是在这种环境下，个人才能借助人工智能的力量，发挥出最好的能力，推陈出新，推动公司成长，开创未来。

作者等人的研究小组根据个别企业的“企业和个人自主性的强弱”以及“行业中是否存在数字化转型”，整理了它们所面临的内外部环境，为这些企业寻求各自的理想形态提供了一个方向性的参考。没有人能预测未来，但我们可以大胆地将依据现状推测出的未来描绘而成。我们也希望能够提供一些资料，帮助读者在认识到自己在企业中所处位置的同时，思考自己未来的发展方向。

千篇一律的方法是行不通的，成功的公司会不停地审视自己（光谷好贵）

众所周知，世界上存在多种多样的企业类型，正因为如此，适合每个企业的数字化转型方法也各不相同。有行动力的互联网创业公司、资源粗放型的制造业，需要不断创新的公司，还有提供生活基础设施的公司等，在不同的商业模式和速度下，实行单一的方法很难行得通。

那么，我们可以设想出哪些“企业类型”呢？这些类型在外部环境和内部环境方面有哪些差异，而且这些差异又会对改革方式产生怎样的影响呢?

就外部环境而言，关键问题是该行业是否已经被数字化所颠覆。金融科技的浪潮已经改变了游戏的规则，金融业对创新速度的要求也发生了变化，跟不上步伐的公司正在迅速失去力量，而那些能够乘风破浪的公司在明确的指导下甚至连企业结构都能做出改变。

内部环境很大程度上取决于该企业的员工是否具有高度的自主权。这与该企业原本的经营业务密切相关，比如需要自主创新的业务（如互联网服务和娱乐业等），以及需要一定程度的上下统筹的业务（如制造业及大基建等）。由于企业文化和行为准则都各不相同，因此需要根据其特点制定多样化的战略。

如果我们通过上面提到的轴线的组合来观察成功企业的案例，就能更深刻地理解这些企业为什么会成功。在应对数字化转型这一大趋势时，成功的企业无一例外都能够根据公司所处情况和状态，量身打造出公司的发展方向。

外部因素和内部因素都是时刻变化的（上田惠陶奈）

如图5-1所示的4种模式以企业为单位，但并不包含所有企业。各部门的生态系统以及集团公司内部各企业的文化也都会有差异。

起初，我们在建立模型时设想以“重视管理层提出的目标”以及“是否和‘公司信条’之类的企业文化有关”这样的假设来寻找改革的成功案例，但后来我们开始重视诸如规划和实地的不同，以及不同的商业模式和生态系统之间存在差异的实际案例，并对模式进行了修改，使得即便是一家公司也可以同时有多种模式并存。这种并存的模式给我们提供了一个新的思路，即在整个企业挑战改革时，如何避免因强势部门的反对而使改革中途受挫。但是从另一个方面也能看到，通过掌握整个企业内部的主导权，实施统一的策略来推进改革是相当困难的。

还有一点需要注意的是，无论是外部因素还是内部因素都会发生变化。图5-1中的纵轴代表了该行业的数字化进程，因此，当外部因素发生改变，例如行业出现了内部破坏性创新者，迫使位于下面象限的企业向上面的象限移动。此外，如果在企业内部设立创新企业，或者与外部公司共同成立合资企业，会导致从纪律严明的右侧象限中出现一个新的自主企业，而这个企业本应该属于左侧象限。相反，如果创业初期的管理团队发生更替，淡化了初创企业的冒险精神，强调有控制意识的企业文化，就会出现企业从左上象限转向右上象限的情况。我们希望读者能关注到在象限中的移动，并理解需要在哪里做出改变才能到达目标象限。

成功模式1："数码土著""破坏性创新者"

从本节开始，作者将依次分析图5-1所示的4种成功模式。第一种是左上象限的成功模式1"数码土著、破坏性创新者"（图5-3）。

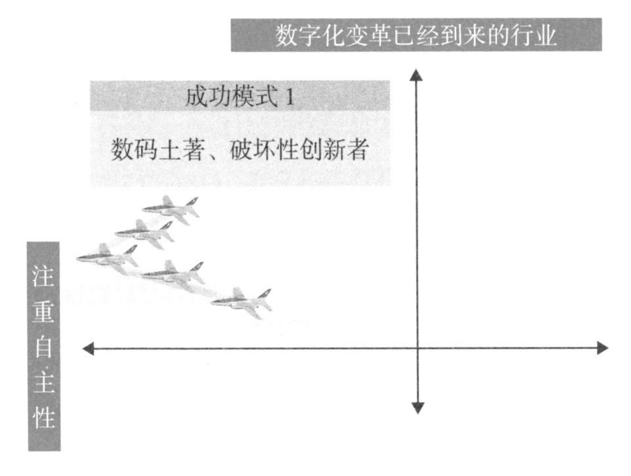

图 5-3 成功模式 1（左上）：数码土著、破坏性创新者

尊重自主性，让企业结构扁平化

成功模式1是一群经历过数字化改革并具有拥有高度自

主性的企业。身处这个象限的公司大多已经成立了有一段时间，通过意识到了对自主性的管理，从早期就建立起一个自我改革的生态系统，从而实现了数字化改革。而对于创业公司等创业不久的企业，创始人和创始成员建立了一个自发的自治企业，公司从成立之初就已经是数字化企业了。

成功模式1的企业有一个共同点——它们尊重自主性，利用扁平的企业结构以不断带来数字化的创新等。为了保持这些特性，企业强调在团队中工作的重要性，并主张让每个员工不必拘泥于自己所属的部门，而是基于自身的专业知识等来展开工作。这种工作方式不同于实行直线型制度的非自主性工作方式，团队不是某个部门的人为了完成某项工作而组成的，而是为了实现团队提出的目标而召集具备必要技能和能力的人才，无论他们属于哪个部门，都可以一起工作。

在这种工作方式的前提下，团队不会聚集具有相似技能和能力的人，而把具有不同领域专长的人聚集在一起，企业的多样性和包容性自然而然地会得到实现，从而形成了一种集体认同感。在这种认同感中，员工能认识到自己和他人的差异，对理解他人的价值观持宽容态度，从而创造了一个员工不会千篇一律，而是更容易产生新想法的环境。

企业领导者的问题意识能吸引人才

成功模式1的企业文化的特征是，重视聚集各种各样的专业性人才，因此企业文化和人才的共性通常很薄弱。另一方面，与其他象限相比，员工们往往对他们希望通过企业这一环境来实现愿景有着更强烈的共识。此外，企业在对新员工的入职培训过程中，非常重视员工对企业目标的认同。因此,“想在一个人人都干劲十足的环境中工作”和“能理解公司的目标，并希望为实现这个目标做出贡献”的人聚集在一起的环境便由此形成。

企业领导人和高层管理人员在问题意识方面达成一致，对员工内在动机的培养——“希望实现某种目标”产生了重大影响。员工们拥有共同的问题意识，这不仅与每个人希望通过工作实现的价值，甚至还与为实现价值他们保持着相似的态度一事紧密相连。通过把在天生在某方面具有相似价值观的人聚集在一起，就能形成一个在胜任能力方面具有相似工作意愿的群体。

对于那些创业已有一段时间的公司来说，新任老板已经成功地向员工传达了强有力的信息，并得到了他们的认可。对于刚刚成立的创业公司来说，公司的创始成员对达成目标有着强烈的意识，可以通过企业中认同这一目标且有影响力的员工的普及，获得其他员工的认可。

出现人脑与人工智能相结合的情形

成功模式1的企业已经能够利用数字技术建立业务，这与那些试图将业务从传统模式转向数字模式的企业形成鲜明对比。对这些企业来说，数字化不是目的，而是它们为实现企业愿景而推出的与产品和服务等必然伴随的东西，是做生意的“工具”。在规划和开发此类数字化产品和服务时，员工的工作也会随之变得适应数字化，传统模式下的业务只保留最小限度。

例如，在本公司拥有的搜索引擎平台中，企业可以根据用户搜索的词语关注他们对公司服务的看法，通过评价了解用户的满意度，并根据这些信息改进公司的服务。如果这是一个非数字化的企业，就需要跨部门来收集用户的意见并将其运用到产品开发中，但是在数字化模式下，可以一次性完成所有的工作。

由于企业提供的商品和服务本身就是数字化的，因此在制作这些商品的过程中要尽量运用数字技术来提高业务效率，发挥人类独有的创造力。所以，在改进业务的过程中，自然而然会出现人脑与人工智能互补的循环。该象限内的公司已经能够将其产品和服务数字化，并在业务数字化的过程中，自然而然地确立了自己在行业中的新兴领导地位，站在时代的前沿拓展业务。然而，这些企业并不会因为拥有高科技就去大肆宣扬，而是从用户的角度出发，思考如何帮助用户通过公司的产品和服务获得更好的体验。作为进一步改善产品和服务的一贯手段，企业会坚持不懈地利用优势技术来改善用户体验。

随着规模的壮大，企业向成功模式2的象限转变

这个象限内的企业处于业界乃至时代最前沿的地位，他们所从事的业务本身是最新的，会吸引那些渴望从事激动人心和创新工作的人才加入企业。希望为这些企业工作的候选人需具有足够的专业技能和技术，并有能力胜任公司要求的岗位角色。例如，负责策划、开发等创造性工作的“角色型”人才。这些角色型人才每个人都是不同领域的专家，在尊重彼此的专业性的同时，按照各自的使命和责任来提供价值。另一方面，日常业务和文职工作基本上会被自动化，或者作为“岗位”任务移交给熟悉这类业务的人。“岗位型”人才通过外包来调配，作为派遣员工或合同工被雇佣。

上述企业的结构和文化能够迅速地向新事物转变，有一套易于创造、创新的机制。但是，随着时间的推移，企业规模的不断扩大或企业内部人员的更替，企业形式可能会逐渐发生变化。而且随着企业规模和业务的增长，每项业务的目标都会发生变化，当需要开展确保活动一致性的工作时，企业形态就会慢慢变成接近右上象限的企业。例如，在企业环境和文化方面，一个原本是重塑型的，需要自发性环境、上下级关系是扁平化的企业，内部人员中可能出现基于经验差异形成的上下级关系，并逐渐转向金字塔式企业，使其成为一个易于管理的高效企业。

成功模式2：通过平台构建自己生态系统的企业

接下来介绍右上象限中的成功模式2：在平台上建立自己独立生态系统的企业（图5-4）。

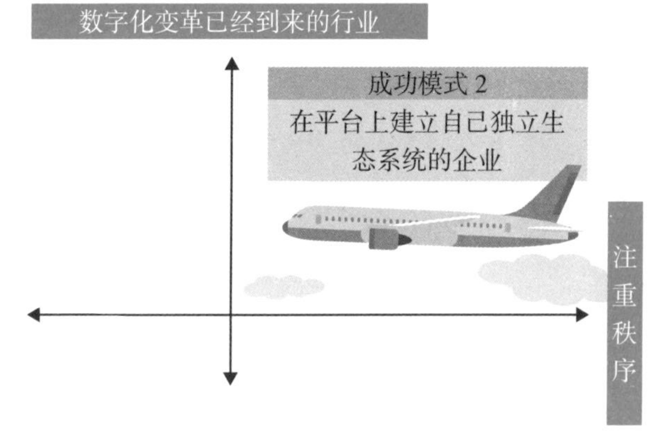

图 5-4　成功模式 2（右上）：在平台上建立自己独立生态系统的企业

企业如何应对颠覆

成功模式2的右上象限属于已经在行业中已经发生颠覆性变化并且自主权相对较低的企业。这些公司能够克服颠覆性创新的出现所带来的行业框架和游戏规则的改变，建立了一套能够应对这种情况的创新创造机制和促进数字化的体系。

在应对颠覆性改革时，企业要么“重视员工的自主权，为创新创造土壤”，要么“以有利于创新的方式来设计企业的制度、规则和环境”。选择前者的企业属于成功模式1，选择后者的企业将成为成功模式2，而属于成功模式2的公司由于历史悠久、规模庞大或以流程为导向（对流程的遵守保证了业务的顺利执行）等种种原因，这些高度重视业务管理的企业和受行业限制较大、自主性难以提高的企业，或者原本在成立之初具有高度自主性，原先属于成功模式1，但随着公司规模的扩大，对管理的需求不断增加的企业，最终还是以牺牲自主性为代价被归入了成功模式2。

管理层推动的案例和一线员工推动的案例

成功模式2是能够应对颠覆性改革的公司，其改革可能由管理层亲自推动，也可能由中层或一线员工来完成。当管理层实施改革时，面向中层以下（大都比较保守）的一线员工时，重点应该是向他们传递一种不同于以往的工作方式。管理层需要努力做到向员工展示清晰的目标并获得认同。受到管理层或管理层委托的数字化负责人（Chief Digital Officer，CDO）将制定数字化变革的目标，管理层则负责发出推动数字化变革的号令。对于成功模式2的公司来说，目标的内容往往是实现数字化转型的具体手段或消除变革本身的障碍。与之形成鲜明对比的是成功模式1的公司，它们的目标是体现公司自身的价值观和世界观，而数字化则是实现这一目标的手段。

当设立一个像数字化负责人这样负责推进数字化转型的职位时，在管理上给其明确的保护是让改革得以普及的重要措施之一。这是因为，任务负责人在推动数字化时，往往需要一些支持。比如，数字化负责人在说服反对派董事会成员和与公司内部抵抗势力进行接触，很多都是在管理层明确支持的基础上进行的。

在由中坚阶层或一线员工推进推进改革的案例中，一部分具有问题意识的员工会在首先基层发起改革，然后再以上级和管理层追认的形式进行推广。为了将基层的改革作为公司上下的统一举措普及全公司，即使是基层推动的改革也必须在恰当的时机获得管理层的授权。

一线人员主导改革难度大

成功模式2中的企业的特点就是基于上述情况确定目标，系统地推进数字化转型的。在实践中，这意味着企业要不断举办研讨会来转变思维模式，进行企业结构调整，根据新的目标设定关键绩效指标和企业评估体系，并在明确的操作规则基础上引入敏捷工作方式，完善能够实现提高员工技能和创新技能（转换为新技能）的制度等。

因此，当管理层发挥强有力的领导作用时，从一开始就可以在全公司同时推行改革。但如果领导者力量不足，则存在改革速度不够的风险。在这种情况下，企业可以选择的办法之一是从局部着手，创建一个可以作为示范的小型实验单位，或者从最适合改革的部门开始，分阶段进行改革。

此外，和管理层主动参与其中的改革相比，由中坚层和一线员工发起的改革难度更大。因为即使他们将身处一线时感受到的危机意识具体化，也需要采取积极行动，说服在当前业务和部门中已经取得成功的领导接受听起来像是自我否定的变革。在这种情况下，可以考虑找到支持改革的管理层让其参与改革，或者尝试推广由基层主导改革的制度（如内部新业务竞赛），又或者接受外部董事、咨询公司等来自企业外部的建议。另外，通过事先向事业部制或分公司制过渡，可以创建一个无须总公司批准也可灵活推进改革的组织。培养能够推动变革的中坚力量的一个方法是加强与公司外部的交流，例如接收实习生或者将员工派往初创企业等。

个人与企业一体化的变革是有必要的

历史悠久、规模大、看重以业务流程为导向的企业，更容易形成重视企业管理、按照命令执行业务的文化。因此，企业内部不成文的规定认为员工不是在自主地工作而是在等级结构下工作的。于是，推进数字化（为了向成功模式2转型，避免改革失败）个人和企业的统一就显得必不可少。企业可通过研讨会和教育来改变企业员工的思维模式，也可以通过宣传企业的行动方针、企业信条以及评估关键绩效指标等来鼓励其改变行为，这些方法都被证明是有效的。当然，也会有一些声音强调维持现有的商业模式，企业实现数字化转型的速度将取决于我们是等待员工因周围人的参与而发生了思维模式的改变，还是通过再教育强制改变，又或者对他们采取转岗或解雇等硬性措施倒逼改革。

企业的自主程度也体现在对“角色型”人才的定位上。在企业的长期目标与角色型人才的目标一致的成功模式1中，哪怕是“任务型的角色”人才也具有相当大的自主性。但由于成功模式2并不强调目标的一致性，所以即使企业需要“角色型”人才，也是需要能在一定程度上遵守秩序的“责任型的角色”人才。

需要敏捷教练和数字工匠

为了持续变革，我们需要敏捷教练和数字工匠。敏捷教练是负责指导一线职员如何通过数字服务来开展业务的人员。由于具备敏捷教练技能的人才稀少，所以通常会将他们集中到跨职能（横跨多个一线）部门来支援一线工作。数字工匠是那些能够辨别哪些领域可以在一线实现数字化，并为此制定现场方案的人才。他们将负责定义和实现合理的工作方式。改革初期时，他们在某些情况下可能需要利用外部资源来确保数字化的进程。然而，并不是所有的现有业务都可以完全实现数字化，企业仍然会留下一定数量的“岗位型”

人才来完成既定的任务。我们预计将来会由数字工匠负责设计现场方案和实施方法，引导“岗位型”人才进行变革，以继续推进数字化转型。

即使是在这样的数字化转型过程中，我们也很难想象成功模式2的企业长期采用的金字塔式架构会彻底消失。但是，随着灵活应对大环境变化的项目型工作的增加，企业间会出现越来越多的横向协作，企业结构将逐渐趋于扁平化。

在属于成功模式2的公司中，人与人工智能之间的关系会因部门而异。虽然数据收集和管理等业务将日益数字化和自动化，但我们推测，那些重视业务流程的企业还会留下大量的“岗位型”人才。即便如此，按照数字工匠创立的现场假说、验证和推进实施，人工智能的应用和数字化将取得进展，所需的“岗位型”人才的数量最终会减少。在如策划部那样的以创新工作为重点的部门，人们将更好地利用人工智能，在分工协作的同时为实现利益的最大化而不断相互结合。而在加工生产等其他的现场部门，可能会出现的情况是在保持指挥系统不变的前提下，利用人工智能来提升运作效率。

“角色型”人才会化身为“责任型”人才

在成功模式2的企业中虽然也存在“角色型”人才，但从企业将目标作为实现数字化的手段来看，“角色型”人才的使命与企业的长期目标并不一致。因此，出于对每位“角色型”人才进行管理的需要以及企业自主性和秩序并存的需要，“角色型”人才会化身为“责任型”人才。相比之下，在成功模式1中，由于企业的长期目标与“任务型”“角色型”人才的目标一致，因此即便企业赋予“角色型”人才自主性，也能维持企业的统一性。

成功模式3：具有鲜明特征并在行业内脱颖而出的企业

下面我们来看一下左下象限的成功模式3“具有鲜明特征并在行业内脱颖而出的企业”（图5-5）。

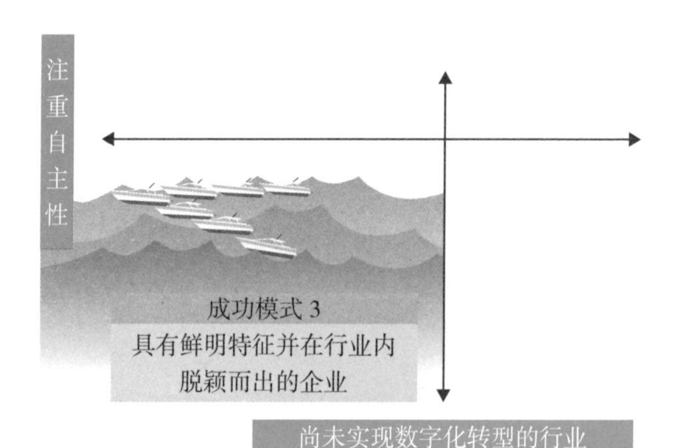

图5-5 成功模式3（左下）：具有鲜明特征并在行业内脱颖而出的企业

拥有能够自主工作且具有高度胜任能力的人才

成功模式3正处于整个行业发生数字化颠覆的前夕，该象限下的企业在保留了该企业鲜明特征的情况下被卷入了数字化改革的浪潮之中。所谓的鲜明特征是由于这类企业非常重视发挥人才的个性和专业能力。例如，娱乐行业中拥有很多自主型人才，每个企业都有负责创作和制作的创作者和制片人，通过给予制片人自由裁量权而获得成功的公司都会被列入成功模式3。另一方面，在电器、医药等直线型业务较多的行业，由于企业中自主性人才少，企业被纳入该象限的可能性较低。但是，如果一个企业的研发部门或策划部门拥有能在行业内引起关注的具有独特能力的人才——特别是具有胜任能力的人才。只有当这些杰出人才的自主性关乎企业的业绩和名声，该企业才会进入成功模式3。

共同之处在于，自身能力强的关键人才想要做的事情在某种程度上与企业想要前进的方向是一致的，所以专家在被允许拥有自主性的同时，也能够为整个企业创造价值。尽管每个专家的目标方向略有不同，但他们都倾向于自下而上地不断改进企业整体的文化，所以企业提出的目标最终形成了较为抽象的目标意向，大家都可以在一个大框架内达成一致。与此相反的是成功模式2，它是先由企业设定了一个高度具体的目标，然后每个人通过努力来实现这一目标。

换句话说，成功模式3的出发点是拥有能自主工作、高度胜任能力的人才，他们可以自主地做自己想做的事情。话虽如此，要想从一开始就看清该人是否具备创新人才的能力并随即录用是非常困难的。因此，企业需要采取多样化的招聘方式，将各个领域的拔尖人才，不同领域的优秀人才聚集起来。这样一来，就形成了一个“动物园式”的人才组合，企业拥有各种各样的人才，每个人都有各自擅长的领域，并且有时会被外界评价为“那个公司有很多有趣的人”。

重视专家的自主权和自由裁量权

对人才能力的多维评估能反映出一个人的多样性。在成功模式1中，由于数字化带来的颠覆性，对人才在数字化方面的能力有一定的要求。在此基础上，由于个人价值观和经验的不同，他们在操作技能等方面也会存在着多样性。而成功模式3的特点是虽然所有人才都拥有很强的胜任能力，但他们所具有的功能性技能和操作性技能又各不相同。

多样性和包容性通常作为一个整体来讨论（参见专栏“多样性与创新之间的关系”）。这是因为，即使各种各样的人才聚集在一起，但如果不能充分发挥每个人的长处，团队也无法取得成果，成功模式3的包容性将创造出能够让人才发挥各自能力的环境。而且，由于不同的能力有不同的适用环境，需要给专家一定程度的自主权。换言之，在工作内容和管理方法方面不宜简单划一，应合理地授予专家自主权和自由裁量权。而对于专家而言，通过选择一个可以发挥自己能力的环境，也可以帮助他们实现“人尽其才，才尽其用”。

组建以专家为核心的个人团队

数字化还被包含在业务环境中。专家是指在其专业领域熟练使用数字工具的人才，能够运用包括人工智能在内的数字资源完成其工作。这意味着他们自己要成为一个数字工匠，推动日常创新，使企业更适合数字化，而不是停留在传统流程中。这方面的例子包括娱乐公司CG（计算机图形学）、制药业中的人工智能制药或人力资源技术等人脑与人工智能相互结合的业务领域。但是，由于这种数字化的应用场景只存在于个别的一线业务中，因此很难改变整个企业的生态系统。

每位专家需要确保拥有能实现自身目标的劳动力。由于每位专家对人员配置的需求都不一样，因此尽管在称呼上各不相同，但通常都会组成以专家为核心的团队。就像在足球或棒球队伍中，每个队伍都有自己的颜色和分工一样，专家们被赋予领导团队和确定方向的自主权。团队成员根据他们在团队中的角色参与到团队中来，所以团队成员就成了“角色型”人才。

在成功模式1中，拥有优秀能力的专家聚集在一起，组成一个人人平等的团队；而在成功模式3中，专家作为领导者，其能力比团队其他成员高出一截。这样一来，上司和部下之间的指挥命令关系就很难形成金字塔型，而是变成领导拥有优先权，但彼此相互信赖的扁平化企业。管理层首先需要与每位专家进行反复对话，并不断更新与各自提出的目标相匹配的、抽象或长远的目标。或者，作为老大级别的专家，管理层要提出一个带领大家奋斗的目标。而且，管理层要认识到人才的多样性，给予专家能够发挥其作用的自主权，并努力创造一个上下级关系宽松的企业运营模式。此外，管埋层还应该照顾那些承受企业内部环境压力的专家，将此视为改进企业文化的机会。我们可以看到，有很多企业将这种创业时的思想作为企业的DNA继承了下来。因此，这类企业之间的壁垒较低，成为被称作“网络型”的宽松企业。此外，由于每个成员的角色不同，很难使用统一的量化关键绩效指标进行绩效评估，最终每个人都会被单独评估。

当然，有时会出现应该由“岗位型”人才承担的任务，但这些任务往往需要在团队外“岗位型”人才的支持下执行。因此，企业很少在内部建立封闭的商业模式和业务推进系统，而是倾向于建立开放的生态系统，使人才能够发挥自己的作用，并与其他公司合作完成自身不擅长的任务。

有组织地制定目标、克服障碍，就能走向成功模式2

当数字化的颠覆性浪潮席卷整个行业时，处于成功模式3的企业将走向何方？如上所述，如果一边以维持行业的商业模式为前提，一边在有限的自主范围内进行创新，那么由一线成员主导的数字化转型就只能停留在一线。如果我们将个体的数字化推广为一个适合整个企业的数字化生态系统，那么我们就可以系统性地制定目标、克服障碍，从而走向成功模式2。这意味着企业要靠自己的力量从图5-1的下象限进入上象限，因为这是它们自主实现数字化转型的唯一途径。而且，企业统一地进行生态系统的变革，比起自主性，统一的行动更为重要。由于实现这个想法需要进行图5-1中从下到上、从左到右的两种移动，因此是一种难度较高的转型。

如果一线员工被赋予决定符合企业运作方式的主导权，那么他们能够创造出一个数字时代的生态系统，并在保持高度自主性的情况下走向成功模式1。就像一个新的业务部门被分拆出来一样，这个创造出新生态系统的团队将持续独立发展。在这种情况下，为了保证不会被剩下的成员拖后腿，团队必须保持高度的自主性，所以部门的变化——如团队成立新公司或进行部门拆分，并不那么重要。虽然这样做的好处是在允许团队自我更新以经受大风大浪的同时仍然保持其个性，但困难在于如果团队保持自立门户的状态，企业就会显得缺乏统一性。

成功模式4：受政策支持、占主导地位、形成高端品牌竞争优势、能推动自我转型的数字化转型1.0企业

我们再来看一下右下象限的成功模式4“受政策支持、占主导地位、形成高端品牌竞争优势、能推动自我转型的数字化转型1.0企业”（图5-6）。

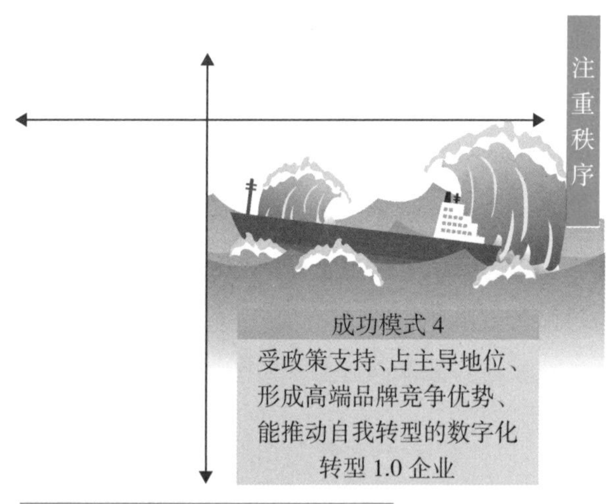

图 5-6　成功模式 4（右下）：受政策支持、占主导地位、形成高端品牌竞争优势、能推动自我转型的数字化转型 1.0 企业

数字化变革来临前的业界情况

那些身处在数字化转型到来之前阶段的行业，管理上存在秩序文化的企业。许多情况下，由于存在高壁垒或监管等不可抗拒的因素，或者行业内实行的强制性的行业标准，一些企业品牌力量强大，处于寡头垄断地位，从而具有竞争优势。例如，所有受监管产业中，出于对安全和稳定性的要求，业务自由度较低的电力等基础设施行业；还有产业历史悠久、商业模式已经确立的汽车和物流行业；以及能够发挥现有的强大品牌力量、实体销售渠道重要性较高、对数字化转型化需求较小的化妆品等行业。这些企业有在内部通过引进信息技术和重新审视业务进行自我改革的历史，并且通过提高生产效率降低成本而继续保持高度的竞争力。

具体措施包括，将企业设置成多层金字塔式架构，然后再组建直线型的实干团队——设置业务部门，这些部门将通过提高自己对特定岗位工作的专业化程度，并对业务进行优化配置，从而降低成本提高竞争力。在这种结构中，一部分管理层和执行管理层被定位为专门从事管理的“角色型”人才，而大部分员工则是属于“岗位型”人才，以确保有效的管理。

企业决策深深植根于企业逻辑，即逻辑思考的文化。通过严格制约对规定的解释和批准程序以及企业经验的积累，让企业实现了效率和灵活性的兼顾。另一方面，管理层在做出最佳选择和判断时往往是消极和保守的。在推行数字化转型方面，企业也仅仅是为了提高效率，例如引入机器人流程自动化和商务流程外包（Business Process Outsourcing）——只强调投资回报率（Return On Investment）和问责制，而难以做出有关业务发展和概念验证（Proof of Concept）的投资决策。因此，它不会引起商业模式的变革，而只是现有信息技术战略的延伸，目的也仅是提高效率和节省劳动力而已。

利用机器人流程自动化实现自动化

在使用人工智能方面，重点是具体业务的自动化，如引入机器人流程自动化来保持传统的业务流程。通过从一个容易看到投资回报的点开始，并反复进行改善，业务流程逐渐变得更加高效和自动化。由于引入机器人流程自动化的目的是划分人类和人工智能的角色，因此对人工智能和人类之间协作创造新附加值的彼此结合而言，这些附加值被定位为一项独立的举措，成为一项新的业务。随着人工智能自动化的进步，负责简单岗位工作的人员总数不断减少。一些表现出色的人将成为供人工智能学习的“教师数据”，而人类将承担起创建“教师数据”本身的任务。

然而，企业总有一天会面临数字化乃至颠覆性改革，在其到来之前的缓冲期内，朝着以人工智能或数字化为前提的业务和商业发展是企业长期生存的必要条件。

内部阻力让变革无果而终

面对当前数字化变革带来的巨变，管理层尽管在经营层面上赋予了高度的关注和积极的准备，但要改变企业长期以来建立的业务模式和管理方式，在心理上他们仍存在一些抗拒，出现进退两难的情况也是事实。改变现有体系的决策机制一事关系到他们自己和团队的职业生涯，我们已经目睹了许多改革举措由于内部阻力而夭折的案例。

最高管理层可能对行业趋势很敏感并采取行动，但负责管理一线的中层管理人员由于受到“不鼓励失败”的竞争规则的影响，有时无法采取具体行动。因为企业一直在适应外部环境的变化并稳步发展业务，所以迈出重大变革的一步并不容易。

中层管理人员发挥着重要作用

在如此牢固的企业里，发挥着重要作用的是中层管理人员。比如在制定管理目标的过程中，中层管理人员将发挥核心作用，他们通过动态管理，考虑到时代的变化和其他公司的发展趋势，从而为企业选择和制定合理的生存战略。目标是基于高层批准为该组织确定的战略而设定的。自上而下发表的目标作为最高指示在整个企业里得到传达。然后，评估企业的关键绩效指标将与目标相关的活动相联系，从而自发地落实到企业内部的具体行动中。

例如，当企业提出全球扩张的目标时，管理人员具体制定能够对中长期协同效应和影响做出逻辑解释的行动，并证明他们已经完成了这些行动。正是在这样的企业逻辑下，目标逐渐落实到具体行动上。这些行动的合纵连横导致了目标得以超越部门，在整个企业中得到传达，并逐渐规范。

企业高层做出强有力的最高指示能有效地形成一种避免企业内部出现冲突的构造，如出现垂直型既得利益团体和局部利益的最大化。这种内部熟知的企业目标，即行为规范的执行者是中层管理人员，他们也是指示从制订到执行的关键存在。大企业数字化进程越快，控制的市场越占优势，这种管理方式就越有效。

需要对企业高度忠诚的人才

从人力资源的角度来看，企业追求效率与确保多样性在某些方面存在矛盾。随着企业结构的完善，分工更加明确，工作岗位变得更加清晰，招聘时越来越注重个人技能。企业将更加注重寻求那些能够很好地完成自己的任务，不需要很大的自主性和灵活性，并且对企业高度忠诚的人。

尽管可以依据业务部门的任务和关键绩效指标系统地进行人事评估，但在培养具有良好管理技能的“角色型”人才——经理方面，企业仍面临着挑战。这是因为企业结构规定公司需由在一线取得成绩的人负责管理。企业规模扩大之后，公司通常会直接招聘有潜力的通才作为高管，录用后再花时间培养或选拔，其方式包括完善人才培育计划，通过提供部门调动和留学等成长机会等，培养肩负企业的人才。换句话说，企业将通过培训来确保“角色型”人才能够承担管理重任。

商业模式本身的变革

处于这一领域的企业面临着这样的风险。即随着破坏性创新者的出现和创新技术的发展，行业本身将发生数字化转型，以往作为优势而确立起来的商业模式将无法正常运作。能否在敏锐地捕捉到这种变化的同时，完成企业自身的变革将关系到企业未来的生死存亡。

这里所说的企业变革，就是指应对数字化转型的业务创新，有的甚至是对商业模式本身的变革。为此，必须将人与人工智能进行相互结合，从而实现从追求效率向追求创造新附加值的转变，而实现这一目标的管理模式将从由“岗位”和“任务”界定的多层组织模式，向清楚自身职责、能够自主执行的“角色”和“责任”界定的分散组织模式转变。

其中一个方法是建立一个新的、独立的企业，这种方法被称为“出岛战略”。这意味着从一开始就创建数字化和自主的商业模式以及企业文化，即建立类似成功模式1的企业。在构建这个战略时，能够独立决策是变革的必要条件。另一方面，因为是针对现有企业的转型，所以现实中很难出现像出岛这样的独立企业。

企业文化的扁平化转向

从图5-1的右侧到左侧（从企业到个人）的转变，对于那些已经适应了多层、牢固的企业文化的人来说，要把自己转变为在项目中发挥核心作用的自主专家（有能力建立自己的目标、可以为实现目标与他人协作、具有领导能力的人才）并不容易，所以若要整个企业一起发生转变是十分困难的。现实的解决方案是企业暂时保持目前的决策结构，但要将右上方象限的区域设定为目标。

这里需要了解的是如何逐渐将金字塔式的企业文化转变为扁平化的企业文化。对于数字化转型迫在眉睫的行业来说，一场关于如何让企业的运营适应数字化转型并增强竞争力的竞赛开始了。为了赢得比赛，企业必须改变以往的工作方式——通过明确分工达到高效率的工作方式，转变为由员工自身识别任务并界定工作范围的“角色型”工作方式，且有必要将这种工作方式普及到一线。可具体化操作的事情之一是将企业的决策结构扁平化，即较低职位的员工享有一定的决策权。通过将原本需要高层决策的“角色型”任务授权给中层和一线员工，可以简化审批程序。通过让员工经历决策和判断这种“角色型”工作，有助于建立灵活的企业文化以应对变革。另外一项可以具体实施的举措是企业可以公开一些信息，减少因企业层级导致的信息差距。

这种方法也可以被看作是日本独有的。在欧美国家，往往是通过外部招聘对管理人员进行物理性“替换”，强制性地变革企业文化。在日本，管理人员是被培养出来的；在西方，则是通过外部招聘来让此项职能发挥更好的作用。

专栏　普及企业文化的机制

在人工智能时代，企业需要做好的关键准备是树立并让员工广泛接受企业的价值观。随着人工智能引入业务之中，现存的所有常规业务都将被取代或者向更加集约化的方向发展。这种转变将导致企业把重点放在只能由人类完成的任务上。在这个过程中，业务流程本身将被分解，哪些应该保留，哪些不应该保留，哪些应该由人类完成，哪些应该由人工智能完成，都将被逐一划分。例如，许多当事人可能已经意识到企业将不再需要用一系列的盖章来通过决定，大家也不需要形式上齐聚一堂，开一场犹如被拘留了几个小时的会议来获得批准。

如何创建人工智能时代的企业文化

受到新冠肺炎疫情的影响，经年不变的日式业务流程发生了翻天覆地的变化。强制性远程工作导致企业中许多不必要的内容被取消，只留下真正必要的任务。与此同时，沟通的方式仍在不断探索之中，管理者面临着如何建立应急沟通机制，以及如何提高员工的敬业度和解决发展创新力的难题。

换句话说，这就是企业的文化。在企业文化的影响下产生了企业的规则，包括工作方式和业务流程。然而，要营造和传播这种企业文化并不容易。

此外，也有一些企业，它们的文化能自然而然地扎根下来。比如刚起步的初创公司中，一小群具有强烈个性和不同技能的人组成一个团队。他们作为一个团体，凭借多样化的价值观和创造性思维模式开展工作。这种企业没有设立正式的会议，但即使没有会议，公司也都有到处随时讨论的风气。

德国软件公司思爱普采取的出岛战略

遭遇最大阻力的是大型企业。这类企业已经形成追求高效、应对风险的商业形式以及大型企业的文化及其相关规则，或者可以说，他们追求的是通过排除因异质性而带来的交流成本，进而达到整体的最优形式。企业依靠的是可以被替代的多余性，这也可以被看作是对个性的排斥。

然而，也有一些大公司实现了根本性的企业改革。以下是德国软件公司思爱普的案例。

思爱普是一家创业50年的老牌公司，诞生于德国的产业结构之中，在电子道路收费系统软件销售方面横扫全球。当公司需要一个新的业务支柱时，他们所做的就是在美国硅谷基地设立一个新的据点——“出岛”。该地集中了新业务的研发职能，构建了独立的企业文化和人事制度。新基地成立

6年后，其销售额、营业利润、员工人数、市值等各项经营指标均增长了2倍以上。

硅谷基地管理方面有三大支柱，它们分别是：将设计思维作为共通语言贯彻下来；确保员工能够在公司组织的培训中熟练掌握工作技能；改变人力资源管理的评价体系，以培养公司内部的创业者文化。硅谷基地由在美国西海岸当地雇佣的不同国籍的员工组成，他们不愿意使用诸如“与德国总部共同”“合作开发”这样的字眼，而是在独特的文化背景下，专注于创造新的业务。进军美国西海岸的企业很多，但没有多少企业能如此彻底地改变文化。对于大公司来说，转型不是一件简单的事情。

能够反复试错的企业

但是，对于许多日本公司来说，模仿思爱普公司在美国西海岸创建一个独立的“出岛”并没有那么容易。

一个能够灵活应对行业变化的企业，换句话说就是一个能够反复试错的企业。对于那些害怕失败的企业来说，避免失败是放在第一位的，避免失败才能晋升。但只有不惧怕失败的企业才会勇于尝试新事物，并从失败的教训中找到出路。在人工智能时代，以往的常识正在被取代，这是因为人工智能是不会出错的，但应该允许人类犯越来越多的错误。对人才的评价应该采用加分制而不是减分制，为了评估一个人作为“员工”所能发挥出的能力，企业必须要确保员工不因失败而扣分。只有这样才能成为一个充满多样性的企业。

不可否认的是，多样性的增加会降低效率。企业需要设计出让团队顺利工作的方法，并且需要在企业中形成统一的工作标准。例如，引入人力资源技术等工具就是一种方法，它可以为人才的发展和企业参与度提供一定的方针。企业应该如何行事的例子还包括强生公司倡导的“我们的信条”，其中规定了其企业的文化；以及亚马逊公司和谷歌公司推出的“集体认同”，其中规定了人才招聘和团队建设的标准。对于一个聚集了多元化人才的企业而言，有一种可以确保效率和创造力并存的机制：让员工朝着同一个目标奋斗，并且通过规定让他们的沟通方式变得标准化。

只有通过反复试错才能找到适合企业的方法和风格

重要的是，这种企业拥有尊重多元价值观的文化，并用制度保障了它的存在。从先前思爱普公司的案例可以理解为实现创新的使命和实践设计思维被彻底纳入了企业的行动方式，从而实现了目标和手段的统一。然而，并不是每个企业都可以这样做。我们有必要从本章展示的四种成功模式中，通过反复试错，找到适合企业的理想形式，确定各种各样具体的做法。甚至一些全球性的大公司也还没有确立自己的方法。瑞典的爱立信公司主张从曾经主导市场的“垂直整合型”业务模式转变为“横向整合型”业务模式；美国通用电气公司将人力资源的评估方法从以成果为导向的九大模块考核体系转向了对个人能力发展的关注。曾经某个时代被认为是最前沿的方法，会随着时代的变迁而被人们重新审视。一个企业应该有的理想形式也会随着外部环境的变化而变化。

可见，如何找到适合公司变革的类型以及将它实现的唯一方法就是反复试错。正如本书所介绍的，很多企业已经在探寻新的企业形式。关于个人和企业应该以何种类型与人工智能和谐共处的话题，未来还需要通过积累、分享各种实践，进一步讨论和探讨具体的方法。

第六章

你需要回答的关键问题

帮助你找到合适的对策

现在大家都能用自己的话描述出数字化给社会、产业、工作方式和个人能力带来了什么。因为数字化有各种各样的模式，所以无论阅读了多少研究案例以及指导性书籍，都没有一本书可以给出一个完全符合自身情况的答案。

本书进入了最后一章，但作者不会不负责任地只通过模式划分和简单的图表来预测读者的未来。本章的作用在于帮助你在正确理解的基础上制订自己的未来蓝图和行动计划。本书要求读者通过自己的思考来创建一个解决方案，再次回顾并补充本书的内容。最后，作者会提出一些关键问题来结束本书。这些问题可以有助于读者在设计未来蓝图和行动计划时进行综合考虑。

距离上一本书已过去4年，劳动力短缺成为现实

作者在上一本书《谁来支撑日本的劳动力》（东洋经济新报社，2017年）中，对那些在未来要迎接劳动力短缺挑战的读者说："必须保证企业有多样化的选择，有精神力量可以承受选择带来的阵痛。除此之外别无他法。这也是个人、地方政府和企业在人口萎缩的日本生存下去的唯一途径。"书中还在最后强调了如同进行选择和将选择执行下去的重要性。4年后的今天，劳动力短缺已经成为现实，靠精神力量

和人海战术来解决问题的想法已经淡出了时代。对于数字化应用的探讨，无论人们是喜欢还是厌恶，如今都已变成了我们无法回避的挑战，新冠肺炎疫情下的远程工作大大加速了日本落后的数字化进程。4年前，作者呼吁的“与人工智能共存的未来”概念，即走向数字化的“选择”，正在成为现实。不管我们微弱的声音在多大程度上影响了社会，作为一个倡导者，没有什么比这更令人高兴的了。

在过去的4年里，作者和研究团队在繁忙的一线工作之余，一直坚持研究，寻找出路。作者的活动是在日本野村综合研究所的研发部门——未来创发中心，以一个名为“2030年研究室”的项目为母体开展的。该项目的名字很符合智囊团的身份。在这种情况下，由于现实已经追上了作者提出的概念，概念就必须更进一步地发展。

此外，作者通过研究个人、公司和社会面临的具体问题及其采取的解决方案来设计实现这一概念的具体步骤，并将持续不懈地努力，以进一步实现目标。因此，作者们很难提出适用于所有人的普遍性建议。缺点是如果作者面对的是杂志连载和书籍的读者，那往往只能泛泛而谈。事实上，我们也知道，一线人员需要的不是普遍性理论，而是针对他们个人和自身企业最优化的具体措施。因此，作者一直在探索我们应该去做什么，唯有人类才能提供的特殊的附加价值在哪里？

近年来，人与人工智能共存并持续不断向前发展，迈向数字时代的企业变革被称为数字化转型。数字化转型的关键词一般认为有“敏捷”“客户体验”“设计思维”“企业风险投资”“医药外包”等。在针对企业的咨询方面，为各公司提供最佳数字推广方案的数字化转型相关咨询已发展壮大成一大领域。此外，对于个人而言，人们谈论的是“21世纪人才”“敏捷人才”和“数据科学家”——这些都是当今企业所需要的人才。这种日本社会团结一致、共同迎接数字化的风气，能有效支持数字化发展。

“我们真的能成功应对第四次工业革命带来的挑战吗？”

然而，关于数字化这一概念，流行的只是一些浅显的表面词语，它的本质依然难以看清。“周围好像都认为只要跟上潮流就能实现数字化，我们真的能成功应对第四次工业革命带来的挑战吗？”这种危机感变得越来越强。如果你已经读到这里，就会知道本书并不是来鼓吹这些流行语的。在研究人员的帮助下，作者们努力查明这些不同词语之间的逻辑关系、倾听成功和失败企业的做法和他们最真实的声音并进行仔细验证，于是逐渐看清对变革的理解和当前趋势的异同。简而言之，作者意识到了“没有单一的万能公式”。果真是这样的话，是否可以得出结论认为，在各人、各企业为自己寻找最佳的数字化转型方案的过程中，我们的使命是帮助他们进行自我分析和做出选择。

很多讨论企业数字化转型方法论的文章，都是和本书一样，通过两条轴线4个象限来分类各项措施。然而，4个象限的左下角和右上角通常是失败和成功并存，或者说未完成数字化转型和已完成数字化转型的公司并存。实现数字化转型的两个关键项被视为轴线，这样列出的4个象限中，只有一种模式能成功实现数字化转型。相比之下，本书图5-1所示的数字化在所有4个象限中都是成功的，由4种不同的成功模式组成，失败或未完成的企业不在表中。所以这两条轴线不应该是成功的关键，而是有助于成功的要素。作者与管理者、改革负责人反复探讨之后，认定改革的形式不止一种。并于2019年夏天之前将这个观点作为整个研究团队的一个假定。

培养思维模式（可以通过后天习得的能力）

此外，既然是要讨论数字化转型的方法，那么其描述的内容必须是可复制性的方法。如果说我们要制作一个以个人为中心的英雄故事，那管理者和首席数据官（CDO）的个人素质、机智和力挽狂澜的偶然事件，确实都是非常重要的因素。但是，为了让他人也能在其他企业中复制这种方法，就有必要刻意忽略个体的独特性。在德国的研讨会上，作者察觉到这已超乎总结案例的自身意识。在过去的几年里，人们普遍指出，存在于胜任能力中的思维模式对于推进改革非常重要。

但是，当作者被告知，随着人力资源管理方法论的发展，思维模式已经从天生的（个体资质）转变为可以培养的（后天习得的能力），人们能够随心所欲地复制改革的环境时，作者恍然大悟。思维模式不是个人与生俱来的东西，而是人们通过体验后习得的。比如工程设计的研讨会之类，让人们从外部的经验中得以学习。由于思维模式也存在方法论，因此对推动数字化转型改革至关重要的思维模式，也可实现复制了。

希望读者能找到适合自己的最佳策略

难解的谜题由此开始。

◎4种成功模式的划分依据是什么？

◎划分各模式的不同因素如何影响各自模式中的具体措施？

◎各项措施之间存在怎样的逻辑关系？

◎是什么导致了失败？

在几乎没有先行研究可供参考的情况下，作者和研究团队花费了大量的时间来撰写本书。研究小组4位成员思考和创造的成果会汇集到每周的讨论中。每一次，作者都要从方才的对话中寻找蛛丝马迹，凭借感性探索方向和假设，再用逻辑和案例来验证它们。作者试图通过改变地点，比如在不同的外部会议室开会来保持创造力，如果话题的信息量不足，那么作者还会邀请一些先进企业的相关人员和专家来共同讨论。让拥有不同能力的成员聚集在一起，通过团队合作共同展望未来。这些都是基于我们自身的经验所描绘的。正因为如此，作者才可以这样自信地提出建议。到这里，作者已经详尽地介绍了制订未来蓝图和行动计划所需的构成要素以及思考过程中每个环节如何选择。简而言之，本书就是提供一些方法论和典型模式，帮助读者找到最适合自己的数字化之路。

现在，一起来制订各位读者的未来蓝图和行动计划吧。这里有7个需要你一边思考一边逐一完成的问题。如果读者暂时想不出答案，可以返回去再看，这样思路就会逐渐清晰起来。

社会在不断变化，人们的想法和环境也会一直受到影响。我们希望大家能反复思考这7个问题，并适时地更新各位读者的未来蓝图和行动计划。而且，我们希望读者能真正地行动起来。每个人都能拥有自己的目标，在这个数字化的社会环境中熠熠生辉，不断发挥自己的潜力，通过自己的双手创造出一个理想的社会。由衷地希望本书可以在各位读者不断前行的路上提供一些帮助。

帮你绘出未来蓝图的7个问题

问题1：哪些变化会对你的工作影响最大？

首先，请思考一下第四次工业革命给你工作环境带来了哪些变化。数字化会对你所在的社会、工作的产业（行业）、所属的企业（若是公司规模特别大，则以部门为单位）产生什么样的影响？目前发挥核心作用的劳动力是会增加还是减少？是现在这种由人来做出决策的机制保持不变，还是会交由人工智能来做出决策。随着以人工智能为中心的数字化进程的发展，你所处的行业将会蓬勃发展还是日趋没落，或者是在重要性上没有什么变化？另外，在这个不断变化的数字化环境中，企业需要什么样的劳动力呢？即使能够肯定的内容很少，只要你能把你感受到的时代潮流的大趋势用自己的话表达出来，并能够注意到那些对劳动者影响最大的变化，那么就可以继续往下作答了。

问题2：这种变化对你的工作目标意味着什么？

接下来，请想象一下，在问题1中读者所设想的未来工作是一个能实现什么愿景的工作呢？随着数字化的普及，产品和服务的价值将发生什么样的变化？到底是产品的功能被视为价值，还是像所谓的体验式消费一样，产品的体验链条也被视为产品价值的一部分？它是完整的单体式产品，还是要在与其他产品联动的前提下才能获得价值？产品是仅在公司内部就能完成，还是会与其他公司的服务和数据互联起来才行？上述变化的程度将取决于数字化转型的程度。那么通过商品和服务，什么样的人或企业可以解决怎么样的社会问题呢？虽然在一定程度上目标可以根据行业的不同从逻辑上大致推导出来，但重要的是，读者要设想出自己最终希望通过工作来实现的长期价值。

问题3：在上述情况下，你将如何设定自己的工作使命？

那么读者希望在工作中扮演什么角色？读者希望的工作方式是什么样的？为了能提供问题2中所设想的产品和服务，企业需要的劳动力不会是单一的，一定包括了各种类型的专家。首先，想象一下什么样的专家会在读者设想的工作环境中大显身手呢？根据书中介绍过的数字化时代人类所起的作用，各种工作形态等可以大致推测出需要什么样的专家。其次，读者有没有想过自己想要成为哪一类专家？有没有想过自己可能成为专家候选人？如果这些专家的形象都不能吸引读者，请回到问题1，重新想象一下自己进入到不同岗位或开始自己创业时的情景。如果读者现在还无法锁定一个目标，那么读者也可以积极地认为自己的未来有多种可能性。

问题4：你需要拥有什么样的能力来完成自身的使命？

为了成为自己心目中的数字时代的专家，需要具备怎样的能力呢？请你一边回想人与人工智能二者的分工情况，一边思考那些离不开人的岗位需要什么样的能力。无论是哪位专家，恐怕都是身兼多种能力的吧。如果你的脑海中同时出现多位专家，那么请你想一想他们身上有没有什么共同的能力，或许就能发现自己重视的能力是什么了。

问题5：什么样的企业能让你发挥自己的能力？

如果现在你已经具备了未来所想要具备的能力，那么你就是罕见的“无须训练，马上可以投入战斗的勇士”。事实上，可能还有一些你尚未掌握的能力，或者虽然已经拥有但还想继续提高的能力。我们来回顾一下，数字时代有两种获得能力的方式：技能提升和技能再培训，然后再想象一下其他有可能获得能力的途径。一旦你对如何获得一种能力有了想法，比如跟着教练学习、同事之间相互切磋，以及从研讨会等外部环境中获得类似经验，然后再想想哪些企业看上去能提供丰富学习机会。此外，你还可以参考第五章中描述的4种组织模式，大致判断一下你认为便于施展才能的企业的特征。例如：它是自主的还是非自主的，是扁平的还是金字塔形结构的。

问题6：要做到这一点，应该怎么改造企业？

如果假设未来的工作地点就是现在的企业，那么请你作为专家从专业的角度考虑一下企业需要走什么样的发展道路，才能成为一个理想的企业。第五章中描述的成功实现数字化转型的4种模式将直接成为一个抛砖引玉的原案。如果你未来想在一个与现在不同的企业里工作，那么请你思考一下希望跳槽到哪种企业，或者打算成立什么样的企业等。此外，如果你是管理层或经营策划部的成员，你只需要从问题1和问题2出发为企业考虑就可以了。值得注意的是，在通盘考虑企业改革途径的问题上，要着眼于发挥专业技能，有必要大幅拓宽企业改革的途径。

问题7：和谁一起、做些什么才能让企业发生变化？

在与数字化相适应的变革中，个人所能做到的努力仅限于专业技能习得这一小部分，更多的是需要企业和社会来应对。最后，在设想实现目标的过程时，请考虑一下自己将如何参与变革，以及与谁一起推动变革。根据数字化转型的4种模式，推动改革的核心人物并不相同，一线人员的参与方式也会有所不同。如果现在的企业中有你能想到的合适人选，就可以与他共享自己所描绘的改革途径，一边完善目标一边携手前进。如果还没有想到合适的人选，就应该考虑去寻找这样的人选；或者换工作，到一家有这样人选的企业中工作。

致谢

本书是我们在5年的各种活动中，与所有遇到的人互动和交谈的结晶，在此向他们致谢。除以下将要提及的各位好友之外，还有更多的好友，篇幅所限，这里就不一一感谢了。

首先，我们要对与日本野村综合研究所合作的3位研究员表示感谢，感谢他们悉心教导我们将直觉似的想法上升到学术领域的论点，如何根据先行研究来拓展这些想法，如何整合我们的研究使其与论点保持一致。打个比方，我们就像是一个忽略了该方面基础学习的学生一下子站到最前沿的课题平台上展示自己的理论。尽管这样，他们仍旧在繁忙的研究工作中定期抽出时间与我们讨论提出的假设。在这里，对他们的鼎力相助表示由衷的感谢，同时也对他们渊博的知识表示敬意。

这3位研究人员分别是英国牛津大学的迈克尔·奥斯本（Michael Osborne）教授和休·维特克（Hugh Whittaker）教授以及日本庆应义塾大学的大薮毅（Takeshi Oyabu）讲师。迈克尔·奥斯本教授自从参与研究日本各个行业的机械化趋势以来，就人与人工智能共存的工作模式提出了很多新的想法。休·维特克教授向我们介绍了他关于企业改革的学术理论，并在大量实证数据的支撑下找到日本、美国和欧洲之间的差异。讲师大薮毅在个人工作方式和企业背景下就人力资源管理的概念整理和理论展望方面耐心地提出诸多建议，并让我们对全球范围内的讨论和日本式就业有了很大的了解。本书所展现出的逻辑性要归功于三位研究员的协助，但本书没有经过他们的检查，若有任何误解或不准确之处，完全是笔者及其研究小组的责任。

在各种围绕人工智能、人力资源技术等主题的海外会议上，我们都会邀请台上的研究人员进行讨论，他们大多数人都欣然同意，并给出宝贵的反馈意见。此外，很多美国和欧洲大学的在籍研究人员也对我们的主题产生了浓厚的兴趣，不仅在会议前后的空余时间申请加入讨论，还专程调整了自己的日程安排，讨论的时间经常远远超出了原本计划的时间。其中，美国麻省理工学院的大卫·奥特尔（David Autor）教授、大卫·基隆（David Kiron）教授和约翰·雷南（John Reenen）教授以及美国哈佛大学的弗兰克·多宾（Frank Dobbin）教授对我们的假说给予了积极的评价，这对摸索前进的我们来说真是莫大的鼓舞。

我们还有幸邀请到了一些在日本设有分公司的全球性企业的人力资源负责人参加研讨会，一起探讨未来与人工智能共存的工作方式。感谢三菱商事集团旗下的Human Link股份有限公司、日产汽车股份有限公司、安盛人寿保险有限公司和强生集团股份有限公司的各位，尽管业务繁忙，仍挤出时间参加了四次研讨会，公开分享他们在多样性和包容性方面所采取的措施以及所面临的挑战，让我们了解到他们灵活运用人才的现状及各种举措。

此外，在与人工智能共存的将来，应该如何利用数字化以及如何与各国专家合作的问题上，我们收集到了很多想法。虽然工作会议本身是在新冠肺炎疫情之前举办的，但我们与各国的专家通过远程会议的方式讨论了各家公司的实际情况和前景，因此积累了许多直至现在仍然行之有效的想法。第四章的场景就是以本次研讨会取得的成果为出发点的。

普通社团法人-日本经济团体联合会、公益社团法人-日本经济同友会及其区域企业，还有一些行业协会都经常邀请我们参加他们的管理研讨会和各种会议。在这些会议上，大家从企业和管理者的角度，对我们正在构建的假设提出了许多宝贵意见。欧美一些成功实现数字化转型的公司欣然答应了让我们采访他们的关键人物并分享他们的重要经验，包括试错的过程。作为日本野村综合研究所常规工作的一部分，我们所进行的个别讨论数量巨大，所以很抱歉无法列出所有公司的名字。当然，无论是从管理层还是一线得到的所有反馈都是非常宝贵的。第五章中的分类以及每种分类的适当措施，都是在倾听这些真实声音之后才形成的一揽子想法。

我们曾在社团法人-日本证券交易商协会主办的面向初高中教师的研讨会上多次发表演讲；也曾在独立行政法人-日本劳工政策和培训研究所下设成立的“就业信息提供网站官民研究会”担任委员，参与了很多开诚布公的交流会；还曾担任日本司法书士协会联合会设立的司法书士综合研究所的客座研究员进行研究；受邀为公益社团法人-日本就业信息协会、认定NPO（Non-Profit Organization，非营利组织）法人-促进就业权网、东京都、面向社会人士主办的研讨会等进行多次演讲。通过以上这些经历，我们才有很多机会加深了对个人能力和工作方式的认知。正是有来自这些机构和人员的积极协助，我们才能根据一线人员的意见，就如何提升学校教育和终身教育，以及如何在人工智能时代建立机制以扩大技能提升和技能再培训的机会，积累了切实可行的办法。

我们做的这些案例研究都是基于对相关人员的采访和对相关事迹的报道。就写到的谷歌公司的案例而言，我们参考了《谷歌是如何运营的》（*How Google works*，2014）和《如何管理10人以下小团队：实现10倍速成长的高绩效秘诀》（朝日新闻出版社，2018）。关于索尼公司的案例研究，我们要感谢和田真司先生接受了采访，在很多方面都给我们提供了启示。例如，日本和美国在雇佣习惯、对人才态度上有哪些差异，企业利用技术进行业务改革后会产生怎样的人才特点和企业形象等。

S社的案例是基于我们团队成员参加欧洲活动时的演讲材料和通过对演讲者本人进行的采访所得而编写的。美国礼来公司的案例研究是基于对斯蒂芬·鲍尔（Stephan Bauer）和西蒙娜·汤姆森（Simone Thomsen）的采访，并参考了文章《礼来公司：平等基础上的转型之路》（*Eli Lilly And Company*：*A Transformation Journey* "*On Equal Footing*"，2019）。德意志银行的案例是我们研究小组在参加一个活动时——"全球数字转型战略峰会"——根据邦特雷·森奈在该峰会上发表的演讲材料，以及通过对德意志银行的新闻稿和森奈本人的访谈获得的内容进行总结后得出的。非常感谢在百忙之中接受采访的各位好朋友，同时声明，所有文责由笔者自负。

在此，还要感谢日本野村综合研究所未来创新中心主任桑津浩太郎先生、研究室主任木村靖夫先生（时任）及中岛济室先生（现任），对我们长期自主研究意义的认同，并为我们的活动提供了全方位的支持，包括联合研究、研讨会和海外访谈。我还要衷心感谢时任企业传播部部长的潘翠玲女士和其他工作人员，每当我们的写作团队出现在媒体上时，他们都给予了全力支持。

日本经济新闻出版社的田中淳先生，在我们迟迟写不出来的时候给予我们积极热情的鼓励，并指导我们完成了为《日经计算机》和《日经XTECH》杂志撰写的系列文章。因为要将连载改编成书，我们严重拖延了进度。日本经济新闻出版社的松山贵之先生不失耐心，一直关注着图书的进展情况。给田中淳先生、松山隆之先生造成的各种不便，我们的写作团队深表歉意，并对二位为本书出版所做的努力表示最深切的感谢。

最后，感谢所有以各种方式激励我们写作的各位好朋友，本书的最终成书离不开你们每个人的帮助。非常感谢大家的支持!